有機溶剤
作業主任者
の仕事

福成雄三 著

目　次

はじめに・7
　〈著者はこんな人〉・9

Ⅰ．作業主任者になった

1．大丈夫？・12
2．決意する・14
3．責任を負う？・15
4．法律がめざすこと・16
5．選任された・18
6．支えられて・21

Ⅱ．想像して見えてくる

1．安全にできる・24
2．むずかしいけど・26
3．蒸発する場所・30
4．こんなことが起きそう・32
5．変化すること・34
6．準備しておきたい・37
7．リスクを確認する・39
8．相談したい・42
9．頼りにする・44
10．もしもの時・46

Ⅲ．いざ作業

1．決定する・50

2．指揮する・53

3．監視する・56

4．タンク等の内部はどこ？・60

5．作業環境対策は役に立つ？・63

6．見まわして感じる・66

Ⅳ．知っておきたい

1．有機溶剤でない「有機溶剤」・70

2．健康診断を活かす・73

3．測定結果から見えてくる・76

4．局所排気装置等の流れを活かす・79

5．全体換気装置で換気する・82

6．防毒マスクを活かす・86

7．送気マスクを活かす・90

8．保護手袋などを活かす・93

9．有機溶剤を保管する・96

10．空容器などを処分する・98

11．掲示を見る・100

12．保護具などを購入する・102

13．爆発させない・104

14．特別有機溶剤も有機溶剤・106

V． さすが作業主任者

1． 作業主任者への共感・*110*
2． 作業前に一言・*112*
3． 作業中の一言・*114*
4． 作業終了後に一言・*117*
5． 定期的に確認する・*118*
6． リスクアセスメントに加わる・*120*
7． 有機溶剤だけでなく・*122*
8． 法規制の特例はあるが・*124*

VI． みんなの力で

1． 職場で勉強会をしてみよう・*126*
2． 講師にチャレンジ・*128*
3． ヒヤリ・ハットを活かす・*132*
4． 作業主任者同士で知恵を出し合おう・*134*
5． 改善にチャレンジ・*136*

VII． 役に立ててください

1． 社外の専門家に聞く・*142*
2． チェックリストの例・*143*
3． クイズネタ・*144*
4． さらに知識を増やす・*148*
5． ネタ探し（情報源）・*150*

おわりに・*152*

はじめに

　技能講習を受けて、修了試験を終えて、作業主任者の資格を取って…ひょっとしたら、職場（事業場）から一番期待されていたのは「資格を取る」ことだったかもしれませんね。取りあえず、一番期待されていたことに見事応えることができてよかったと思います。でも、これで「終わり」ではなく、これが「始まり」です。

　次の期待は、職場の同僚が安全に仕事ができるように有機溶剤と向き合うことです。作業主任者としての仕事が始まります。技能講習を受けて、作業主任者の仕事は理解できたでしょうか。たくさんの内容の説明があったから大変だったと思います。思い出せないことがあれば、作業主任者技能講習テキスト（以下、作業主任者テキスト）で確かめるようにしてください。

　今日からこの知識を活かして、作業主任者の仕事を実際に始めることになります。このように言われても、とまどう読者もいるかもしれません。この本では、作業主任者としての仕事を実際に始めるに当たっての考え方やヒントになることをまとめています。テキストではなく、気付きを促すヒント集と考えてください。

　作業主任者の職務として一番大切なことは、職場で有機溶剤中毒を起こさないようにすることですが、加えて、作業主任者が職場のキーパーソンとして頼りにされて、職場の全員が前向きな気持ちを持って安全にいい仕事ができるようになればいいと思いながら執筆しました。参考になれば幸いです。

　なお、この本では、有機溶剤を製造したり、化学プラントで有機溶剤を使用する場合のような化学工学などの専門的な知識・技術に

基づく安全対策（プロセス安全など）が必要な業務については、対象として取り上げていません。それぞれの事業場で専門家を交えた管理の下で安全な作業を行ってください。

＜法令通りの表現はしていません＞

　この本は法令（法律や関係する命令（政令・省令）など）の規定について細部を解説したものではなく、実際の作業でどのように考えて職務に当たればいいのかということをまとめました。

　法令に基づいた厳格な言葉遣いはしていません。たとえば、法令では有機溶剤の区分（たとえば第一種とか第二種）に応じた対応が決められていますが、特に区分を考慮しなければならない場合を除いて、「有機溶剤等」を含めてすべて「有機溶剤」と簡潔に表現しています。法令では、管理すべき作業が「有機溶剤業務」として列挙されていますが、この本では「有機溶剤を取り扱う作業」などのように対象を限定した書き方はしていません。わかりやすさを優先して、法令からの引用も趣旨を損ねないように表現を変えているところもあります。さらに厳密に言えば、法令の規定の適用対象とならない少量の有機溶剤の取り扱いや短時間の取り扱いなどといったケースもあると思いますが、このような区分はしていません。法令に沿って厳格に表現すると、表現が細かく複雑になってしまいますので、ざっくりと表現しています。肝心なことは、中毒を発生させないことだと考えてまとめていると理解してください。法令に基づく厳密な対応などが必要な場合は作業主任者テキストなど（「Ⅶ－5.　ネタ探し（情報源）」参照）や法令を確認してください。

<著者はこんな人>

　長年、企業で安全衛生管理の企画の仕事をしてきました。
　事業場に勤務しているときに、事業場内で使われている有機
溶剤を取り扱う作業を同僚と分担して1ヶ月以上かけて確認し
ました。協力会社の人たちが担当する作業を含めてたくさんの
有機溶剤業務が行われていました。製品や設備への塗装、脱脂、
潤滑、染色浸透試験、化学分析など幅広い用途で、装置による
吹き付け、刷毛塗り、スプレー缶による吹き付け、浸漬による
脱脂、手作業での試薬取り扱いなどさまざまな使い方がされて
いました。有機溶剤取り扱い作業（塗装）の作業環境改善がな
かなか思うように進まずに苦労したこともあります。有機溶剤
の取り扱い作業基準を整備したり、作業環境測定士として測定
の業務を担当していたこともあります。
　本書は、作業主任者である読者のみなさんが、苦労したり、
悩んだりしている姿を思い浮かべながら、生き生きと活躍して
もらえるようにと思って執筆しています。

<謝辞>　この本の執筆にあたり、直近の作業主任者技能講習の内
容を確認させてもらうべく、公益社団法人東京労働基準協会連合会
の技能講習を聴講させてもらいました。事務局並びに各講師のみな
さまのご厚意に御礼申し上げます。

I

作業主任者になった

作業主任者の置かれた立場について考えながら、求められる職責（仕事の責任）をもう一度確認し、その職責を果たすためにどのようにしたらいいのかについて考えてみます。

1. 大丈夫？

「なにが大丈夫？」なのでしょうか。それは、あなたの考え方です。特に経験に基づく考え方です。毎年、多く（50万人以上）の人たちが、仕事が原因でケガをしたり、病気になっています。ケガや病気になる人たちのほとんどは、このようなこと（ケガや病気）になるとは思っていなかったでしょう。「大丈夫！」、少なくとも「自分は大丈夫！」と思っていたのではないでしょうか。

そうなんです。大半の仕事でケガや病気になることは、「めったにない」のです。「この仕事をすれば必ずケガや病気になる」とわかっていれば、きっとケガや病気にならないように対策をしたり行動するはずです。「今まで大丈夫だったから」と思うことはないでしょうか。過去にケガや病気でつらい思いをした経験があれば、違うかもしれませんが、このような気持ちも時間がたてば変わって（うすれて）きます。

あなたの意識はどうでしょうか。一緒に仕事をする同僚はどうでしょうか。たとえ「大丈夫」と思うことがあっても、「大丈夫でないことも起きるかもしれない」と考え直してください。有機溶剤という危険で有害な物を取り扱うという意識をしっかりと持って仕事に臨んでください。作業主任者は、同僚の安全に責任を持つ立場ですので、しっかりと認識しておくことが必要です。ケガや病気が起きてから悔やむようなことはしたくありません。

2. 決意する

　有機溶剤作業主任者として指揮をとらなければならないときに、職場の同僚は全員あなたの言う通りに指揮に従ってくれるでしょうか。人を指揮し、動かすことはなかなかむずかしいことです。それでも作業主任者はその職務を遂行することが必要です。「残念ながら」などと言ったら叱られますが、法律が求めているのです。

　では、法律がなければ作業主任者の役割を担う人はいらないのでしょうか。職場で有機溶剤を取り扱う限り、誰かが作業主任者の役割を果たさなければ、職場の同僚が安全に仕事ができないということになりませんか。

　完璧に作業主任者の職務を果たすことができることが理想ですが、現実にはむずかしいこともあるかもしれません。たとえそうであっても、絶対にはずしてはいけないことがあります。それは「自分自身を含めて、命と健康を最優先にして判断する」ことです。ぶれずにこのような判断ができることが、作業主任者に求められていると認識しておきましょう。このような判断ができると、職場の同僚から頼りにされる存在ということになります。

　選任されたときは、緊張感があってぎこちない対応しかできなかったことが、月日を重ねるうちに、慣れてきます。その一方で、妥協したりすることが増えてくるかもしれません。日々責任を重く感じながらということはむずかしいかもしれませんが、それでも、どのようなことがあっても、「命と健康を最優先にする」ことを作業主任者として決意しておいてほしいと思います。

3. 責任を負う？

　「責任を負う」ということは、他の人から非難されたり責められないようにすることだと思いがちです。このように考えるよりも、「同僚の安全のことを考えて仕事をする」ことが、責任を果たすことにつながると考えてください。前向きな気持ちで仕事に取り組むことにつながります。

　また、同僚に対して「自分が作業主任者として責任を負っているから、キチンとやってくれ」と言いたくなる気持ちになることはないでしょうか。間違っていないと思いますが、同僚から見ると「あの人は、自分の責任を追及されないように自分たちに「あれやれ」「これやれ」と言う」などと思われないでしょうか。責任を負うのは、同僚の安全に関してであり、作業主任者（あなた）のためではないと考える方が、同僚の共感を得て、作業主任者の仕事を全うできるのだと思います。あなたに合った責任の取り方を考えてみてください。

　もちろん、作業主任者としての法令上の責任があることは忘れないようにしてください。

4. 法律がめざすこと

　作業主任者技能講習で学んだとおり、作業主任者の制度は労働安全衛生法（有機溶剤中毒予防規則：有機則）で規定されています。作業主任者の責任に関連する労働安全衛生法の規定について簡潔に振り返っておきましょう。

> **労働安全衛生法　第1条（目的）**
> 　この法律は、…職場における労働者の安全と健康を確保するとともに、快適な職場環境の形成を促進することを目的とする。

　労働安全衛生法は、あなたを含めた「労働者の安全と健康を確保する」ことを目的とした法律です。この法律の下で作業主任者として同僚の安全と健康についての役割を担うことになったことに誇りを持って活躍してもらいたいと思います。

> **労働安全衛生法　第14条（作業主任者）**
> 　事業者は、…労働災害を防止するための管理を必要とする作業で、政令で定めるものについては、…免許を受けた者または…技能講習を修了した者のうちから、…当該作業の区分に応じて、作業主任者を選任し、その者に当該作業に従事する労働者の指揮その他の厚生労働省令で定める事項を行わせなければならない。

　労働安全衛生法は、第1条に規定した目的を果たすために、事業者（会社など）に対して作業主任者を選任して、作業の指揮などを行わせることを求めています。この第14条の規定を受けて、有機則に有機溶剤作業主任者の職務などについて規定があります。技能講習で習ったとおりです。

　労働安全衛生法は、安全衛生対策が確実に実施されるように、違反があった場合の罰則を規定しています。ただし、労働安全衛生法に違反すれば直ぐに罰則が適用されるのかと言えば、そんなことはありません。現実に罰則が適用されるのは、ほとんどの場合「罰則を適用しなければならないほど悪質な法違反」です。罰則の適用は、最終的には裁判所（裁判官）の判断になります。

　法令に基づく行政機関（監督機関）としての指導などは、労働基準監督官等（労働基準監督署等）が行います。法違反があきらかなときには、労働基準監督官等から是正勧告書等の文書で指導がされます。

　労働安全衛生法の条文は、「事業者は、〇〇しなければならない」という表現が多く使われ、罰則のついた強制力のある規定がたくさんあります。実際の業務では、事業者（会社など）の役割を管理監督者や作業主任者が、事業者から託されて実施することが求められることも多く、重篤な災害が起きたときなどに管理監督者や作業主任者が法律上の責任を問われることもあります。ただし、このような罰則などのことについて普段から気にする必要はまったくありません。「罰則があるから」ではなく、「同僚の安全と健康のために」作業主任者として有機溶剤を取り扱う作業の管理をキチンとすると考えておきましょう。

5. 選任された

　いよいよ作業主任者としての仕事が始まります。有機溶剤を取り扱うことによって、同僚（部下や上司も含めて）が中毒などにならないようにする役割を担うことになります。出番です。

　有機則で規定されている作業主任者の職務を大ざっぱに振り返っておきましょう。項目は4つで、①有機溶剤による汚染や吸入をしないように、作業方法を決定し、労働者を指揮する、②局所排気装置や換気装置を1ヶ月以内ごとに点検する、③保護具の使用状況を監視する、④タンク内作業で決められた措置ができていることを確認するとなっています。一言で言えば、「有機溶剤を取り扱う作業の安全確保」です。

　選任されたら、まず、あなたが作業主任者であることを職場の同僚に知ってもらってください。既に職場の同僚全員がわかっている場合はいいのですが、不安がある場合は、職場のミーティングなどで、職場の同僚の前で宣言すればいいでしょう。あなたが管理者や監督者でなければ、上司と事前に相談して、上司から紹介してもらうといいでしょう。

　「作業主任者の職務は法令で〇〇のように決まっているんです」と職務内容の理解も得ておきましょう。「みんなと一緒に安全に仕事をしていきたい」と作業主任者としての心意気を宣言し、あわせて「なり立てなので、わからないこともあると思うので協力をお願いします」「『気になること』があれば、一緒にどうしたらいいのか考えたいと思います」などと伝えておいてください。「職場の同僚とともに安全な作業をしていきたい」という気持ちが伝わることが大切です。

なお、選任された作業主任者（あなた）が休暇や出張などで不在のとき誰が作業主任者としての職務を行うのかについて上司に確認しておいてください。不在時に作業主任者の職務を行う人（同僚）と課題を共有しておくことが必要です。

　職場内で作業主任者の有資格者で役割分担をすることもできます。たとえば、「換気装置などの月1回の点検を担当する」こととその他の職務（「作業の指揮などをする」ことなど）を分担することができます。このような分担をするときは、分担する内容を明確にして、抜けが生じないようにしてください。このような分担は、自分たちで決めるのではなく、事業場として決めることになります。

＜参考＞有機則で求められる作業主任者の職務

第19条の2　事業者は、有機溶剤作業主任者に次の事項を行わせなければならない。

① 作業に従事する労働者が有機溶剤により汚染され、またはこれを吸入しないように、作業の方法を決定し、労働者を指揮すること。

② 局所排気装置、プッシュプル型換気装置または全体換気装置を1月を超えない期間ごとに点検すること。

③ 保護具の使用状況を監視すること。

④ タンクの内部において有機溶剤業務に労働者が従事するときは、第26条各号に定める措置が講じられていることを確認すること。

＜参考＞労働安全衛生規則による作業主任者の職務の分担

第17条　事業者は、別表第1の上欄に掲げる一の作業を同一の場所で行う場合において、当該作業に係る作業主任者を二人以上選任したときは、それぞれの作業主任者の職務の分担を定めなければならない。

6. 支えられて

　作業主任者は職場の同僚とともに安全を確保する立場ですが、リーダーです。リーダーの役割は、二つあります。一つは、作業主任者としての知識を活かして、有機溶剤による中毒などが発生しないように作業方法を指揮したり、有機溶剤などの管理を実施することです。もう一つは、職場の同僚の力を引き出すことです。

　他の仕事でも同じで、同僚に支えられ、助けられて、はじめて「いい仕事」ができます。職場の同僚の力を得て、作業主任者の仕事をしましょう。もちろん、上司の支えも欠かせません。

　では、同僚の支えを得るために必要なことは何でしょうか。立場を入れ替えて考えてみると答えが見えてきます。作業主任者が別の人で、あなたが同僚や部下だと考えてみてください。筆者であれば、次のようなことにも心がけます。

＜リーダーとしてこんなことに気を付けたい＞

・いろいろな見方・考え方を受け止めて判断する

・自分の持っている情報を幅広く伝える（「情報を伝える」ことは信頼と安心感につながります）

・わからないことはわからないと伝える（格好を付けない）

・わからないことを放置しないで調べる

・上司とのコミュニケーションをしっかり取る（上司の意向も踏まえる、一方で職場を代表して必要な意見・提言をする）

・職場の同僚の話を聞き、大切にする（「できないと」一蹴するようなことはせず、理解を示しながら対応する（なんでも言われるままに従うことではありません））

・問いかけ、相談しながら物事を進める（「こんな時どうしたらいいと思う」→職場で検討する→合意する→みんなで実行する）

・安全のために言わなければならないことは、しっかりと言う（妥協しないことが必要なこともあります）

・厳しい態度が必要なときがありますが、「怒る」ことではなく、「はっきりと」わかりやすくポイントを絞って真剣さを示す（くどくどと言ったり、愚痴にしたり、後々まで引きずるような対応は同僚の気持ちが離れていくことにつながり、信頼も失います）

II

想像して
見えてくる

職場でどのように有機溶剤を取り扱う作業が行われているか振り返ってみましょう。知り尽くした職場や作業だと思いますが、作業主任者の立場で見ると見え方が変わりませんか。

1. 安全にできる

安全のことから確認しましょう。有機溶剤を取り扱う場所は、安全に仕事ができる場所でしょうか。機械設備に挟まれたり、転落したりするおそれはないでしょうか。

有機溶剤作業主任者としての職務は、有機溶剤による中毒の予防に関することですが、職場のリーダーとして、同僚が安全に仕事ができる状態になっていることを確認しておいてください。作業をする場所でケガをするかもしれないとか、無理な姿勢を続けるといったことになれば、本来の作業に集中することもむずかしくなります。有機溶剤の安全な取り扱いにも影響することがあります。

明るさ（見やすさ）はどうでしょうか。作業する場所の広さ（空間）は十分ですか。足元は安定していますか。足場が不安定なところでの作業（たとえば、はしごに乗っての作業など）は危険ですし、仕事の質も不安定になります。安定した足場の上で作業ができるようにすると能率も品質も安全も向上します。暑すぎたり（熱中症注意）、寒すぎたりすることはないでしょうか。いい仕事ができる状態になっているか確認しましょう。

気になることがあれば、自分たちで対応できることは実施し、上司や関係者に頼まなければならないことがあれば、相談して、安全にいい仕事ができるようにしましょう。

仕事の質も
不安定

能率も品質も
安全も**向上**

2. むずかしいけど

　職場で取り扱っている有機溶剤を確認しておきましょう。取り扱っている有機溶剤は何ですか。有機溶剤は一種類だけでしょうか。たとえば、シンナーにはいろいろな種類の有機溶剤が含まれていることが多くあります。

　「SDSを確認する」ことが必要だとテキストなどによく書かれています。SDS（Safety Data Sheet、安全データシート）を隅から隅まで読んでみてください。普段目にすることの少ない専門用語が使われていたりして結構むずかしいと思います。それでも、一度目を通してみましょう。

　すぐに理解できないことがあって当たり前です。むずかしい言葉は、インターネットの検索などで調べてください。事業場の衛生管理者や産業医に聞いてみるのもいいでしょう。SDSに記載されている情報はとてもたくさんありますが、あきらめずに最後まで目を通すことで自信が生まれます。そして、その中で自分の職場で必要な情報が何かを考えてみてください。完璧にわからなくても、取り扱っている有機溶剤がどのような化学物質なのかが感じられると思います。

　なお、職場にSDSがない場合は、上司や購買担当部門に頼んで入手してください。有機溶剤を提供する者（メーカーなど）にはSDSを交付する義務があります。

　次に有機溶剤の入った容器（缶、びん、チューブなど）の表示（ラベル表示）も確認してみましょう。取り扱い上の注意事項などが記載されています。SDSの記載内容と少し違うことが記載されているかもしれません。記載されている注意事項通りに、対策を実施す

ることが現実的でないと感じることもあると思います。容器の表示などはメーカーなどが、「こうしておけば間違いなく安全」だと考えることが記載されています。記載されていることを踏まえながら、実際の作業における安全な作業方法を決めるのは作業主任者の仕事になります。ただし、法令で決まっている取り扱い方を守ることが前提だということも忘れないようにしてください。

　SDSや容器表示を確認したら、取り扱っている有機溶剤の特性を書き出し、特徴をつかんでおいてください。

<SDSや容器表示で気付くこと>

たとえば、こんなことに気付きます。

○沸点が低い＝蒸発しやすい＝作業場の有機溶剤濃度が高くなりやすい
　＝有機溶剤の蒸気を吸い込む量が多くなりやすい、防毒マスク吸収缶
　の破過時間が短い可能性が高い、引火性であれば爆発しやすい（沸点
　が100℃未満であれば、水よりも蒸発しやすい）

○引火点が低い＝着火しやすい＝火災や爆発などに結び付きやすい（引
　火点が低いと常温でも爆発に結び付く可能性のある濃度になる、ガソ
　リンの引火点は-45℃程度＝気温が氷点下でも爆発の可能性がある、
　灯油は40〜60℃程度）

○許容濃度・管理濃度が小さい＝一般的に毒性が強い（メタノール
　200ppm、キシレン50ppm、トルエン20ppm）

○環境に対する有害性がある＝余ったものを流し台や水路に捨てたり、
　空き地にばらまいたりしてはいけない

<書き込んでみよう>

　SDSなどを確認して、取り扱う有機溶剤の特徴を書き出してみ
てください。書き出してみることで、どこに注意して作業をすれば
いいのかが、よりはっきりとわかります。

項　目		確認した内容	気を付けたいこと
商品名			
使用目的			
予定している使い方			
①	有機溶剤名称		
	種類	(例)脂肪族塩化炭化水素類 (作業主任者テキストで確認)	
	有機溶剤濃度(%)		
②	有機溶剤名称		
	種類	(例)脂肪族塩化炭化水素類 (作業主任者テキストで確認)	
	有機溶剤濃度(%)		
有機則上の区分		第一種、第二種、第三種、 特別	
許容濃度(ppm)			
管理濃度(ppm)			
沸点(℃)			
引火点(℃)			
比重			
他の含有有害物質			
SDSに記載の 有害性情報特記点			
適用法令			
その他特に気を付け たいこと			

※書き込んでみましょう

3. 蒸発する場所

　有機溶剤は蒸発して、空気中に（環境中に）出てきます。蒸発した有機溶剤は、鼻や口から吸い込まれて有機溶剤中毒につながったり、爆発の原因になったりします。あなたの職場で、有機溶剤が蒸発する場所はどこでしょうか。

　目的とするところ（たとえば、塗装面や接着面）で蒸発することはやむを得ませんが、目的としないところで余分な蒸発はしていませんか。有機溶剤中毒の防止のためには、必要のない余分な蒸発を防ぐことも大切です。中心となる業務を行う場所は換気（局所排気装置などによる）がされていても、周辺の作業の対策はできていないことがあります。局所排気装置の能力（たとえば制御風速）は十分あるのに、作業環境測定結果では「問題あり」となっていることもあるかもしれません。

　また、有機溶剤を使う仕事の大半は、有機溶剤を含んだ原材料を乾かす（蒸発させる）ことになります。乾かす場所も確認してください。乾くまでの間にトラブル（ゴミなどの付着、接触によるはく離など）が無いようにしておくことも大切です。折角の作業が無駄になりますし、作業をやり直すための有機溶剤の使用が増え、有機溶剤の蒸気を吸い込む機会が増えます。

　「できるだけ有機溶剤の蒸気を吸い込むことがないようにするためにどうしたらいいか」という見方で職場や作業の状態を見てみましょう。簡単な対策で改善できることも少なくないと思います。少量の蒸発であれば、職場全体の換気や通風をよくすることで問題が起きないこともありますが、よく見極めてください。有機溶剤の蒸気が空気よりも重くよどみ易いことも考えた対応をするようにします。

＜蒸発する場所と対策＞

蒸発する場所	あなたの考える対策
容器の蓋を開けっぱなしにしている	
入れ替えのときに飛び散る	
塗布するときにこぼれる	
余分なところまで塗布してしまう	
温度が高くなって蒸発量が増える	
有機溶剤を乾かす	

※書き込んでみましょう

4. こんなことが起きそう

　頭のトレーニングをしておきましょう。どのようなことが起きる可能性があるのか想像しておくことが、実際の業務での的確な指揮や対応に結び付きます。危険予知です。

　有機溶剤を入手したときから、余った（残った）有機溶剤の処理まで、順番に考えてみてください。自分一人で、有機溶剤を取り扱うのではなく、同僚も一緒に作業を行うのですから、「自分ならこうする」という前提で想定するのではなく、「ひょっとしたらこんなことをする人がいるかもしれない」と考えてみてください。先入観を持たないで考えることが大切です。作業標準書（作業手順書、作業マニュアル）に書いてあるとおりに作業が進むとは限りません。

　事故や災害は、作業標準に書かれていない作業方法や作業方法が決められていない仕事、準備や片付け作業、トラブルに伴っての作業などで発生することが少なくありません。通常の作業だけでなく、こぼれたり、漏れ出したりすることも想定してみましょう。塗料や油が付着した工具や容器、設備（排気装置など）の整備や清掃に有機溶剤を使っていることはないでしょうか。ハケや吹き付け器のノズルはどうやって整備しているのでしょうか。有機溶剤は、脂溶性（油を溶かす性質）がありますので、有機溶剤のシンナーなどが、本来の目的以外のことで使われることもあります。

　保管状態も確認しておきましょう。保管容器の密閉性が悪いために、有機溶剤が揮発する可能性はないでしょうか。保管場所の温度が高いと有機溶剤が蒸発しやすくなります。保管場所の換気（通気）はいいでしょうか。空になった容器や有機溶剤が付着した用具などについても同じです。このような容器や用具などが置かれている部

屋や倉庫は大丈夫でしょうか。

　吸い込んですぐに影響が出ること（急性中毒）もあれば、繰り返してのばく露（吸入や接触）によって、影響が蓄積して何ヶ月・何年と経ってから症状（慢性影響）が現れることもあります。呼吸器（口や鼻）から吸い込む以外に、皮膚を通して吸収されることもあります。飛沫（飛び跳ねた液）が目に入ることも考えられます。急性中毒に対しては、救助の手立て（方法、用具）のことも想定しておいてください。

　このようなことを想定しながら、有機溶剤の安全な使い方、保管を含めた有機溶剤の安全な管理方法、同僚に伝える内容や伝え方を考えてください。

＜中毒や爆発・火災が起きるとしたらどこで、どんなときに？＞

タイミング	どんな状況で	ポイント
準備、移し替え(小分け)		こぼれる、こわれる 作業方法、作業位置、作業姿勢 換気 保護具 使いかけ、空容器、用具
トラブル		
作業中1		
作業中2		
作業中3		
片付け、汚れを取る		
保管		

※書き込んでみましょう

5. 変化すること

　有機溶剤を取り扱う作業に限らず、常に計画通りに「なんの問題もなく」物事が進むということにはなりません。計画していないことが起きたときにどのように判断して行動するのでしょうか。

　仕事を始めたときに、場合によっては仕事を始めようとしたときに、予定（想定していた状況）と違う状況になることがしばしばあります。事故や災害は、このような変化があったときに起きやすいと言われています。変化に伴うトラブルを防止するための対応を確実に行う方法を変更管理（変化点管理）と言います。

　作業を開始する前からわかっている変更（変化）については、作業前に検討をして対応しやすいですが、作業中に起きる変更（変化）をすべて予想するのは、たとえ危険予知をしていてもむずかしいことです。そこで、変更（変化）があったときの標準的な対応をあらかじめ決めて関係者（上司や同僚など）と共有しておきます。

　ここでは取り上げませんが、化学プラントなどで設備・装置や原材料の変更などを行うときの変更管理では、技術的な検討と対応が必要です。有機溶剤が引火性であったり、反応や合成に用いる場合に、爆発などによる大事故につながり、変更管理に課題があったとされるような事例もあります。

　「変更」とは関係ない場合もありますが、作業メンバーが替わったときに気を付けたいことがあります。女性や年少者の就業が制限されている有害業務があり、労働基準法（女性労働基準規則、年少者労働基準規則）に規定があります。作業メンバーの変更などで気になる場合は、上司や関係者に確認してください。

＜作業前にわかる変更（変化）の例＞

変更（変化）の例	対応・連絡先
・作業を行う場所が変わった	
・取り扱い方が変わった	
・取り扱う装置や関連する計器が変わった	
・有機溶剤の種類が変わった	
・取り扱う作業をする人が変わった	
・換気装置が変わった	
・作業メンバーが変わった	
・同一場所での他の作業が行われる	
・協力会社が変わった	
・消火設備が変わった	

※書き込んでみましょう

＜作業前に予定していない変更（変化）の例＞

変更（変化）の例	対応・連絡先
・作業方法が予定していた通りにできない	
・使用している物（有機溶剤など）の特性が予定と違った	
・使用している物（有機溶剤など）が足りない	
・使用している物（有機溶剤など）が余った	
・換気装置が壊れたり、能力が発揮できていない	
・保護具がおかしい（漏れている気がする）	
・作業メンバーが変わる	
・道具は壊れた、道具を替えた	
・有機溶剤がこぼれた	
・作業環境が変わった（有機溶剤濃度が高くなった、高温になったなど）	
・同僚の様子がおかしい	
・周辺で他の作業が行われている	

※書き込んでみましょう

6. 準備しておきたい

　安全に作業ができるように、必要な設備や工具は準備できているでしょうか。「段取り八分（はちぶ＝80％）」とよく言われます。「八分」は言い過ぎかもしれませんが、仕事ができる人ほど、準備をキチンとしているとも言われています。いい仕事をしようとしたら準備が大切です。

　有機溶剤作業主任者として、どのような準備をして作業に臨めばいいのでしょうか。①図面などの確認、②作業手順・スケジュールの確認、③作業メンバー（分担）の確認、④工具・用具の確認（安全対策、飛散防止や火気養生用品を含めて）、⑤原材料の確認、⑥周辺状況の確認（照明、同一場所での他の作業などを含めて）、⑦換気装置の確認、⑧保護具の確認、⑨変更時の確認、⑩異常時対応の確認、⑪片付けなどが、標準的な準備（確認事項）になるでしょう。

　換気装置と保護具などの「物」があっても有効に使えなければ意味がありません。不具合のある「物」は、かえって危険な状態を招くこともあります。作業主任者として、作業方法の確認にあわせて、これらの点検を実施する（職場として実施する）ことが必要です。異常時に備えて、避難（経路）、連絡、処置（消火、救急措置など）とそのための用具なども確認しておいてください。

　実際には作業ごとに必要な準備が異なることになりますので、作業内容に応じて整理して準備することが必要です。毎日繰り返される定常的な作業と、建設作業などでの日々変化のある作業、保全整備や清掃のような非定常的な作業では、確認する内容も異なるでしょう。初めての作業であれば、より慎重な検討や確認が必要にな

りよす。あらかじめチェックリストを作っておくと抜けのない準備
につながります。

7. リスクを確認する

　新たに化学物質を取り扱う場合や取り扱い方法を変更する場合などに、危険性または有害性の調査を行うことが法令で義務付けられています。この調査のことをリスクアセスメントと呼んでいます。リスクアセスメントを直訳すると「危険性評価」になります。法令で通知対象物（SDS交付対象物質）については必ず実施し、その他の化学物質についても実施するように努めることになっています。法定の有機溶剤はすべてリスクアセスメントの対象になります。

　有機溶剤取り扱い作業についてリスクアセスメントが実施されているでしょうか。実施されている場合は、その結果を確認しておきましょう。リスクアセスメントが実施されていない場合は、速やかに実施して関係者でその内容と結果を共有することが必要です。上司や衛生管理者に申し出てください。

　リスクは、「危害の発生確率」と「危害の重大さ」の組み合わせで評価して（見積りが行われ）、評価の結果は数段階のリスクレベルに当てはめられることが一般的です。化学物質の場合は、「ばく露の量」と「有害性」で評価する方法が一般的です。

　この結果を受けて、できるだけリスクレベルを下げる（安全に作業ができるようにする）措置（リスク低減措置）に結び付けることになります。特に「重大な問題（許容されないリスクなど）がある」場合は、リスクレベルを下げる措置を確実に実施することが必要です。「作業する人自身が気を付ける」という対応だけでは不十分ということになります。

　事業場によってリスクアセスメントの方法が違います。もしどのような方法か知らない場合は、上司や衛生管理者に確認してくださ

い。そして、どのようなリスク低減措置が取られ、その結果のリスクレベルがどのようになっているか確認しておきましょう。リスクアセスメントを実施するときに前提になっている作業方法や措置は実態に合っているでしょうか。リスク低減措置は確実に実施されているでしょうか。もし実態と違っていることに気付いたら、上司や衛生管理者に伝えて見直すことが必要になります。

リスク低減措置（対策）を実施したとしても、なお残るリスク（残留リスク）に対しては、作業する人がその内容を理解して必要な対策を実施することになります。作業方法での安全確保や保護具の着用などです。作業主任者として、作業方法を決定し、作業を指揮する中で徹底することが求められます。

また、ここでは有機溶剤に関するリスクアセスメントのことを想定して記載していますが、他の安全衛生面の課題についてのリスクを評価し、リスクの低減を図る取り組みも行われていると思います。安全に作業を行うために、これらのリスクアセスメントについても確認しておいてください。

8. 相談したい

　有機溶剤中毒防止に関する専門的なことや事業場での対応の検討が必要なことに関して相談する相手は誰でしょうか。

　労働衛生対策に関することは、衛生管理者に相談するのが一般的でしょう。衛生管理者は、法令の規定する免許保有者で、常時50人以上の労働者を使用する事業場で選任され、事業場の衛生管理の業務を担うことになっています。作業主任者の職務に関する事項について相談する最も適した人ということになります。

　健康への影響については、産業医に教えてもらうのがいいでしょう。産業医は、衛生管理者と同じく常時50人以上の労働者を使用する事業場で選任が義務付けられています。常勤の産業医がいない場合（嘱託産業医）は、衛生管理者を通して相談することが現実的かもしれません。産業医は、産業医としての資格を有する医師です。むずかしく考えずに、気軽に相談すればいいと思います。

　このほか、安全衛生管理を所管する部門や自部門で安全衛生管理を分担する役割の人（決まっている場合）に、相談することもできます。安全に関することを含めて、これらの部門や人に相談することがいい場合が多いでしょう。事業場の組織分掌（役割分担）に沿って相談先を決めることになります。

　このような専門家でなくても、同じ有機溶剤作業主任者として活躍している同僚に、とりあえず相談してみると、実務に則したいい解決方法が見つかるかもしれません。保護具や換気装置、用具の性能や管理などについては、メーカー（取次店）に確認することもできます。

　なお、換気方法や換気装置、保護具、作業方法や設備・用具の変

更、使用している有機溶剤の変更などは、上司に相談して対応することになります。たとえ自分では最適だと思っても、職務権限を超えた変更や改善をしてはいけません。

9. 頼りにする

　日ごろ頼りになるのは、職場の上司や同僚です。産業医や衛生管理者という立場と違い、有害性や危険性等に関する専門的な知識は多くないかもしれませんが、仕事を一番よく知る人たちです。有機溶剤の安全な取り扱いに関することも相談できるはずです。素直な気持ちで頼っていくと、頼りにされた人は意気に感じて（積極的な気持ちを持って）あなたを支えてくれると思います（「Ⅰ－6. 支えられて」参照）。

　ただし、実際の作業の経験があると、どうしても「今まで通りでいい」という判断になりがちです。また、ほとんどの人は身近で有機溶剤中毒などの経験がないはずですので「大丈夫」と考えがちです。作業主任者として気になることがあれば、しっかりと自分の判断も伝えて一緒に検討してください。同僚の安全のことを考えてのことですから、遠慮する必要はありません。

　なお、有機溶剤取り扱い作業は、「有機溶剤業務従事者に対する労働衛生教育」を受講してから正しい知識を持って行うことが必要です（「Ⅵ－2. 講師にチャレンジ」参照）。もし、同僚が受講していない場合は、全員が受講できるように上司や衛生管理者に相談してください。有機溶剤に関して幅広い知識のある同僚は、安全な作業を実施する上で、大きな力になります。

10. もしもの時

　事業場として異常時の緊急連絡方法が決まっているはずですので、作業前によく確認しておいてください。では、有機溶剤中毒が発生した（発生のおそれがある）ときに特に気を付けたいことは何でしょうか。

　もし、同僚に急性有機溶剤中毒が疑われる症状がみられたときは、直ちに救出・救命のために必要な対応をすることになります。「頭が痛い」「ふらふらする」「吐き気がする」などといった症状もあれば、重篤な場合は意識を失ってしまうこともあります。「鼻や目が痛い」などといった症状も、有機溶剤が原因の可能性があります。

　症状のみられる同僚に「大丈夫か」と聞くと「大丈夫」と答えることも少なくないと思いますが、本人の言葉だけで判断することなく、本人の状態を冷静に見て安全側に対応することが必要です。「気分が悪い」といった程度であっても、安易に考えてはいけません。症状がなくても、特に有機溶剤が身体に大量に付着したとか、高濃度の有機溶剤を吸い込んだおそれがあるときも同じです。原因は有機溶剤中毒には関係のない病気（私病）であることも考えられます。いずれの場合も、同僚の命と健康の問題です。有機溶剤の種類によって症状は異なりますので、どのような症状が出やすいのかは事前に調べておくといいでしょう。

　対応の基本は、助けを求めること（一人ですべての対応をすることが危険な場合があります）、被災者を風通しがよく空気のきれいなところに移動させること、医療機関を受診させる（救急車を要請するなど）ことになります。呼吸停止の場合は、AEDの使用や心肺蘇生法の実施が必要なこともあります。医療機関を受診させる場

合には必ず誰かが付き添っていくことが大切です。使用している有機溶剤（中毒の原因となったと思われる有機溶剤）のSDSを医療機関に渡すことができれば速やかで的確な処置につながります。

　なお、高濃度の有機溶剤がある場所では、救出のときに、救出しようとした人が有機溶剤を吸い込んで倒れてしまうということもありますので、安全が確保できる方法で冷静に対応することが必要です。

　また、有機溶剤中毒が発生していなくても、発生の可能性が高い状態になったときには直ぐに作業を中止して、退避することが必要です。実際には、仕事をやり遂げたいとか、仕事を遅らせたくないなどといった気持ちが働いて、「これくらいなら大丈夫」と思いがちですが、たとえそのように思っても一旦作業を中止して、冷静に状況を安全側に判断し対応することが大切です。

　有機溶剤の慢性影響（繰り返し有機溶剤蒸気を吸い込むなどしてその結果が健康状態に表れてくる）のおそれを感じたときや同じ作業に従事している複数の同僚に類似の症状（たとえばめまいや肝機能障害）がみられるときは、上司、衛生管理者や産業医に相談するようにします。その結果、何も無ければそれでいいですし、対策や治療などが必要な場合は早めに対処できてよかったということになります。

<参考>有機則に規定されている緊急対応など

（事故の場合の退避等）

第27条　…タンク等の内部において有機溶剤業務に労働者を従事させる
　　場合において、次の…事故が発生し、有機溶剤による中毒の発生のお
　　それのあるときは、直ちに作業を中止し、労働者を当該事故現場から
　　退避させなければならない。

　　1　…換気するために設置した局所排気装置、プッシュプル型換気装
　　　置または全体換気装置の機能が故障等により低下し、または失われ
　　　たとき。

　　2　…有機溶剤業務を行う場所の内部が有機溶剤等により汚染される
　　　事態が生じたとき。

②　…前項の事故が発生し、作業を中止したときは、…有機溶剤等によ
　　る汚染が除去されるまで、労働者を当該事故現場に立ち入らせてはな
　　らない。ただし、安全な方法によって、人命救助または危害防止に関
　　する作業をさせるときは、この限りでない。

（緊急診断）

第30条の4　…労働者が有機溶剤により著しく汚染され、またはこれを
　　多量に吸入したときは、速やかに、当該労働者に医師による診察また
　　は処置を受けさせなければならない。

III

いざ作業

当たり前ですが、有機溶剤の中毒の原因は、作業をしているときのばく露（有機溶剤の蒸気を吸い込んだり、有機溶剤に触れたりすること）にあります。実際の作業が行われるときに作業主任者が果たすべき役割はとても重要です。

1. 決定する

有機則では、作業主任者が「有機溶剤により汚染され、またはこれを吸入しないように、作業の方法を決定…する」こととなっています。あなたの職場では、作業方法を決定する権限は誰にあるのでしょう。ユーザーからの指定によって大半が決まっているかもしれません。それとも技術部門からの指示や製造マニュアルの規定によって作業方法が決まっているのでしょうか。

有機則で求められていることは、「労働者が有機溶剤に汚染されたり、吸入しない作業の方法」を決めることです。もし、あなたが作業方法全体を決める権限が無い場合でも、作業主任者の視点で有機溶剤中毒防止に必要なことがあれば、権限のある上司や関係者に伝えて、一緒に対応を考えてください。あなたが黙っていては、誰も気付かないかもしれません。換気装置や保護具を有効に使うことも作業方法を決定することの一つと考えてください。

作業標準書（作業手順書、作業マニュアル）のような形で、作業の仕方を決めておくと、安全な作業方法を徹底しやすくなります。毎日作業の内容が変わることがあっても、共通的な作業標準書は作ることができるはずです。たとえば、塗装する場所が変わっても、「塗装作業共通作業標準書」を準備できます。関係者と相談して、職場

で作業標準書を作り、その中に有機溶剤による中毒の防止などに関する必要な事項を決めておきましょう。

　実際の作業の前には、作業標準書で作業の方法を確認し、その日の作業で特別に注意しなければならない作業手順があれば、作業に従事する全員でその内容を確認するようにしてください。

　なお、もともと作られている作業標準書の内容で、有機溶剤中毒予防の視点で不十分なところがあれば、見直しについても確実に実施するようにしてください。

　作業標準書は同僚と一緒に作るのがベストです。一緒に作ることができなくても、案の段階で職場全員で確認して必要な修正をしたり、完成したものについてメンバーにキチンと説明する機会を設けるといいでしょう。また、書いたものを提示されたり、聞いたりしただけでは、なかなか記憶に残らず、行動に活かせないことがよくあります。作業標準書ができたら同僚と一緒に作業標準書に従って作業をしてみると実際の作業で活かせますし、作業標準書に課題があれば見直すことにもつながります。新人（新規作業従事者）の教育や訓練でも活用してください。

　いずれにしろ、一番いけないことは、不具合や不安全な状態に気付いているのに「何もしないこと」です。後で悔やむよりも、勇気をもって必要な改善は進めましょう。職場の同僚のためにと考えると一歩が踏み出しやすくなります。

2. 指揮する

　有機溶剤作業主任者が、「…有機溶剤により汚染され、…吸入しないように、…労働者を指揮すること」になっています。もっとも大切な仕事ですが、経験を積んだ監督者でなければ、「指揮する」ことはなかなかむずかしいことではないでしょうか。「Ⅰ－6. 支えられて」の内容と重複しますが、「指揮する」ことについてもう一度確認しておきたいと思います。

　的確に指揮するために、一番大切なことは、指揮される側の立場に立って、どのような指揮をされると「わかりやすいか」、「仕事がしやすいか」を考えて発言（発信）することです。

　「指揮する」とは、必要なことを伝え、実施されていることを確認することです。言いっぱなしでは指揮をすることになりません。また、指揮の内容に納得感がなければ（合理的でなければ）指揮どおりの作業が実施されないことになります。このようなことのほか、指揮をするときに気を付けたい主なことは以下の通りです。

① 　要点をはっきりとわかるように伝える。伝えることがたくさんある場合は、口頭で伝えるとともに、紙に書いて渡すなどの方法を考えてください。重点（絶対に守らなければならないことなど）をわかるように示すことも大切です。特に作業中には気付きにくいことや、通常の作業と違うことなどがあれば、確実に伝えるようにしてください。

② 　伝えたことが実施されているか、実際の作業を見て、必要な指導・アドバイスを行う。同僚が伝えたことと違うことをしている（しそうな）ときは、口に出して伝える。

③ 　中毒のおそれがあると思ったら、躊躇せずに仕事を中止して仕

事のやり方を見直す。

④　指示したことを自分自身が模範となるように実施する。

　重要なことは、繰り返して伝え、必要によっては復唱してもらうようにします。特に経験の浅い同僚がいれば、作業主任者が直接作業を指導したり、先輩に随伴指導してもらうようにすることが必要なこともあります。ベテランの同僚に対しては、経験豊富なことを尊重し、意見を求めるなどして、率先垂範を促すといいでしょう。「○○さんにならって、みんなで安全にやろう！」

　このようにしていつも「自信を持って指揮をすればいい」と言いたいところですが、「自信が持てないこと」もあると思います。そのときには、仕事をする同僚の意見を聞きながら作業の仕方を決めることがあってもいいでしょう。ただし、安全かどうか迷うときは、必ず安全側に判断することが必要です。「いろんな考え方があるけど、安全な方法でやりましょう」と言って、同僚の納得を引き出して、仕事を進めてください。

　なお、常に100％正しい指示をすることはむずかしいのも現実です。はっきりとした指示をしながらも、想定外の事態には安全と健康を第一に臨機応変の対応を取ることが必要なことを同僚に徹底しておくことも指示を活かすことになります。

　指揮することに慣れていない場合などには、親しい同僚などに指揮の仕方がよかったかどうか聞いてみると次に活かすことができます。

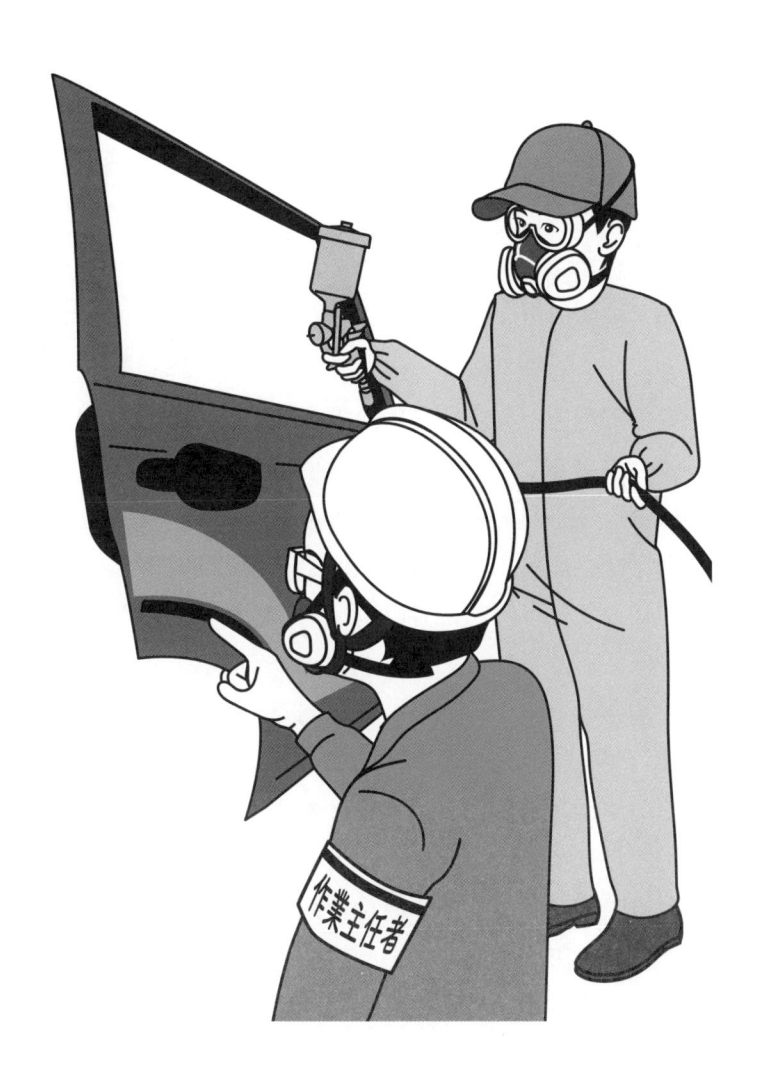

3. 監視する

　保護具の効果について考えたことがありますか。効果について理解していなければ、使用したいとは思わないのではないでしょうか。有機溶剤を取り扱うときに使用する保護具についてはどうでしょうか。

　保護具は、多くの人たちの過去の辛い経験（中毒やケガ）を繰り返さないために、教訓を活かし、かつ最新の知見に基づいて作られています。メーカーの資料などを参考にして、職場の同僚とともに保護具の効果を確認しておきましょう。

　作業主任者の職務として「保護具の使用状況を監視する」ことがありますが、現実には、同僚の保護具の使用状況を常時監視することがむずかしいことも多いと思います。では、「監視する」という作業主任者の職務をどのように果たすのでしょうか。監視していなくても同僚が必要な保護具を正しく使用する状態にすることです。このためには、保護具の効果を職場の共通認識とすることにあわせて重要なことは、作業主任者が「同僚の安全と健康を強く願っている」ことを知ってもらうことではないでしょうか。作業主任者としての思いを伝え続けてもらいたいと思います。また、お互いの安全と健康に関することについては、職場内で同僚同士が遠慮なく声を掛け合える（注意し合える）ように促しておきましょう。

　なお、法令では作業主任者の職務とされていませんが、適切な保護具が使用できるようにしておくことも前提として大切です。軍手をはめて有機溶剤を取り扱う、有機溶剤の蒸気が高濃度になると考えられる作業や酸欠のおそれのある場所で防毒マスクを使用するといった不適切な保護具を使用していては、本当の意味で保護具（使

用者を保護する用具）を使用しているとは言えません。不適切な保護具の使用状況を監視しても何の意味もありません。適切な（効果のある）保護具を選択し、効果が確実に得られるようにその機能が維持されていることが必要です。その上で、正しく使用することが欠かせません。保護具の管理については、Ⅳ−6〜8. にも記載していますので参考にしてください。

＜参考＞呼吸用保護具に関する有機則の規定

（送気マスクの使用）

第32条　…次の…業務に労働者を従事させるときは、…労働者に送気マスクを使用させなければならない。

　1　有機溶剤等を入れたことのあるタンク（有機溶剤の蒸気の発散するおそれがないものを除く。以下同じ。）の内部における業務

　2　有機溶剤業務に要する時間が短時間であり、…換気装置を設けないで行うタンク等の内部における業務

（送気マスクまたは有機ガス用防毒マスクの使用）

第33条　…次の…業務に労働者を従事させるときは、…労働者に送気マスクまたは有機ガス用防毒マスクを使用させなければならない。

　1　タンク等の内部において、第三種有機溶剤等に係る有機溶剤業務…に労働者を従事させるときに全体換気装置を設けたタンク等の内部における業務

　2　臨時に…タンク等の内部における…有機溶剤業務に労働者を従事させる場合において、…発散源を密閉する設備、局所排気装置及びプッシュプル型換気装置を設けないで全体換気装置を設けたときに行うタンク等の内部における業務

　3　…タンク等の内部以外の場所において…有機溶剤業務に要する時間が短時間であり、かつ、…発散源を密閉する設備及び局所排気装置を設けないで全体換気装置を設けて行う吹付けによる有機溶剤業務…

　4　屋内作業場等の壁、床または天井について…有機溶剤の蒸気の発散面が広いため、…発散源を密閉する設備、局所排気装置及びプッシュプル型換気装置の設置が困難であり、全体換気装置を設けて行う…業務

　5　反応槽その他の有機溶剤業務を行うための設備が常置されており、他の屋内作業場から隔離され、かつ、…常時立ち入る必要がない屋内作業場において…有機溶剤の蒸気の発散源を密閉する設備、局所排気装置及びプッシュプル型換気装置を設けないで全体換気装置を設けて行う…業務

6　…プッシュプル型換気装置のブース内の気流を乱すおそれのある
　　形状を有する物について有機溶剤業務を行う屋内作業場等における
　　業務

　　7　…有機溶剤の蒸気の発散源を密閉する設備（当該設備中の有機溶
　　剤等が清掃等により除去されているものを除く。）を開く業務

（保護具の数等）

第33条の2　…保護具については、同時に就業する労働者の人数と同数
　　以上を備え、常時有効かつ清潔に保持しなければならない。

（労働者の使用義務）

第34条　…労働者は、当該業務に従事する間、…保護具を使用しなけれ
　　ばならない。

4. タンク等の内部はどこ？

　有機溶剤中毒が発生しやすい作業があります。有機則でいう「タンク等の内部」が代表的です。「タンク等の内部」というとどんなところを想像しますか。有機則では、「通風が不十分な場所」はすべて「タンク等の内部」です。逆に言えば、通風がいい場所を除いたすべての場所が「タンク等の内部」になります。

　このような法令の解釈や適用のことは別にして、作業主任者としては、どんな場所であれ、有機溶剤による中毒などが発生しないようにしたいものです。不十分な対応によって中毒が発生してしまったら悔やむに悔やまれません。安全に関して指揮をするということは、ギリギリの判断をするということではなく、間違いなく安全な作業を実施できるようにするということです。キチンとした対応をしたことによって中毒が発生しなければ、それは的確な判断だったということで、決して過剰な対策だったと考える必要はありません。

　なお、「タンク」内での作業について特別な規定が有機則にあります。「タンク等」ではなく「タンク」です。作業主任者の職務としても、「タンクの内部において有機溶剤業務に労働者が従事するときは、有機則第26条各号に定める措置が講じられていることを確認すること」とされ、特別に注意し、管理する必要のある作業になっています。もう一度有機則（62頁）を確認しておいてください。なお、「タンク」は貯蔵タンクのようなものだけでなく、槽類、塔類、サイロ、ガス溜め、レシーバー等も対象です。また、有機溶剤を入れたことのあるタンク内での作業については送気マスクの使用が欠かせないなどの特別な規定もあります。

　また、地下室などの狭あいな場所で作業を行う場合などは、継続

的に有機溶剤の濃度を測定したり、警報装置を使用して、危険な状態になる前に退避したり、換気などの改善を図ったりすることも必要です。このための測定器や警報器が必要であれば、準備してください。もし事業場に準備されていないようでしたら、上司や衛生管理者に相談してください。

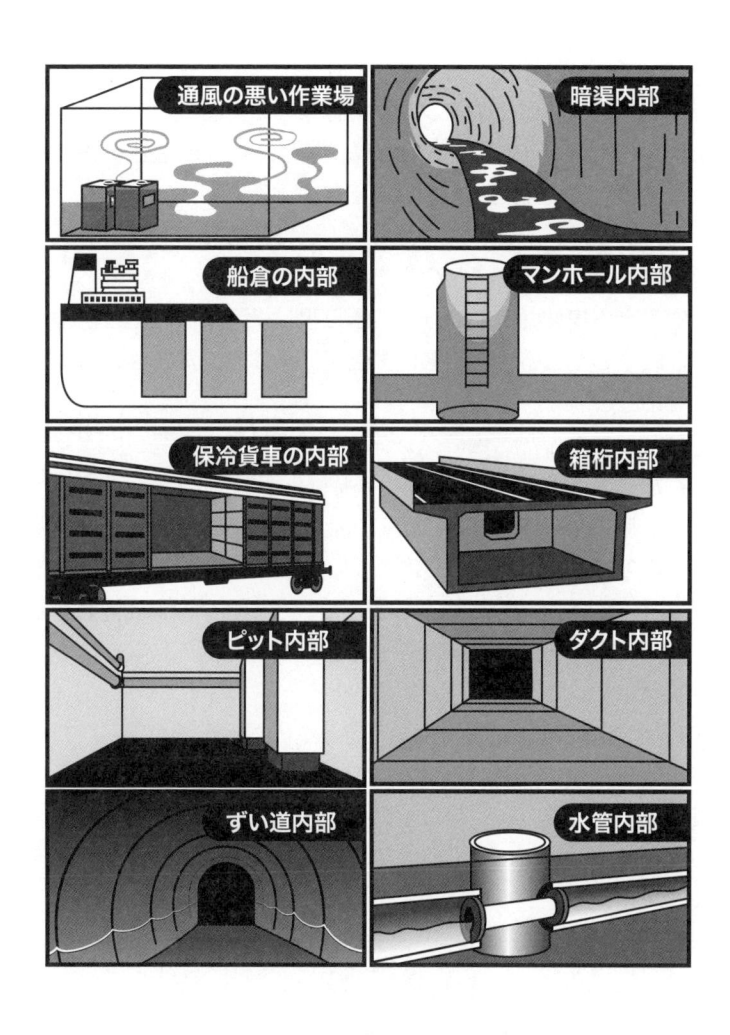

5. 作業環境対策は役に立つ？

　有機溶剤の蒸気が作業場に拡散しないようにするための設備や装置を作業環境対策設備と総称して取り上げます。どのようなものがあるのでしょうか。有機則には、作業の内容によって必要な作業環境対策設備が規定されています。有機溶剤蒸気の発散源を密閉する設備、局所排気装置、プッシュプル型換気装置、全体換気装置です。

　職場で使っている作業環境対策設備は効果があるでしょうか。なんとなく「効果があると思っている」ということでなく、実際に効果があるかを知っておきたいものです。効果があることがわかれば、うまく使おうということになりますが、効果がわからないのであれば積極的に使おうという気にならないと思います。

　では、どうやって効果を確かめればいいのでしょうか。換気装置（局所排気装置、プッシュプル型換気装置、全体換気装置）の場合の一番簡単でわかりやすい方法は、スモークテスター（発煙管）を使うことです。目で見て効果が実感できます。なお、決してタバコの煙などで気流を確かめるようなことはしないでください。火災や爆発の原因になります。

　作業環境対策設備の内、局所排気装置とプッシュプル型換気装置は1年以内ごとに1回の定期自主検査を実施することが有機則で定められていますが、このときにキチンと点検しても1年間トラブルなく十分な効果を発揮するとは限りません。このようなこともあり、作業主任者の職務としても全体換気装置を含めた換気装置の点検を1ヶ月以内ごとに1回実施することになっていますが、1ヶ月に1回だけでは不十分だと思います。毎日、もう少し言えば、作業中は常に換気装置が有効に稼働する（能力をフルに発揮する）ようにする

ことが必要です。

　換気装置が、永久に必要な能力を発揮し続けるということはありません。必ずこわれる（故障したりする）ものです。こわれたり、能力が低下したときに事故が起きます。もし、換気装置等の能力が十分発揮されていないようであれば、上司や関係者に連絡して改善してください。

　なお、安全のための点検でケガをしてしまっては本末転倒です。点検するときに、ファンなどの回転物や稼働部分に巻き込まれたり、挟まれたりしないようにしなければなりません。ファンのカバーに隙間（破れている、網目が粗いなど）があって指を入れてケガをするという事例もあります。点検の方に気を取られて危険な場所に立ち入ったり、危険な部位に接触しないようにすることも必要です。不安定な足場に乗っての点検も危険です。安全に点検できるように足場などを準備しておきましょう。職場（作業主任者の力）で対応できない場合は、上司に相談してください。

　個々の作業環境対策設備の特徴や管理については、Ⅳ－4～5.に記載していますので確認してください。

6. 見まわして感じる

　作業主任者として、有機則に規定された一つ一つの職務を確実に実施していくことが大切なことは言うまでもありませんが、もう一点、とても大切なことがあります。それは、全体を見まわすことです。個々のことではなく、「全体の状況を感じる」といってもいいかもしれません。整然と手順通りに作業が進んでいても、「なにか違和感を覚える」とか「なんとなく無機質（冷たい印象）でピリピリした状況を感じる」などということはないでしょうか。「とげとげしい言葉のやり取りがある」とか「みんなの目がうつろだ」などということもあるかもしれません。このようなときには、どこかに解決すべき課題があります。

　どうすればいいのかは、ケースによって違いますが、簡単に課題を確認する方法として「声をかける」ことがあります。「○○さん、順調にいってる？」「○○くん、疲れてないか？」「○○さん、うまいことできてるなぁ！」などと声をかけて、作業主任者として「一人ひとりのことを気にかけている」ことをまず示してください。反応を感じながら「困っていること」や「変えた方がいいこと」がないか聞いてみましょう。同僚間のコミュニケーションの問題があるかもしれません。

　同僚が仕事をしている様子をみて、「もっと上手に（うまく）できる方法」「より安全にできる方法」に気付けば伝えることも大切です。「もっと楽にできる方法に」ついてアドバイスをすることによって職場の雰囲気がかわることもあります。作業主任者に対する信頼も高まり、全体の作業が円滑にいい仕事ができることにもつながります。むずかしい面がありますが、心がけてみてください。

なお、一人で解決できそうもない問題がある場合は、上司に相談してみましょう。

IV

知っておきたい

作業主任者の知識として欠かせないことは、作業主任者技能講習の中で説明があったと思います。忘れてしまったとしても、作業主任者テキストで確認することができます。この章では、知識をふくらませて、より的確な仕事につながると思われることを取り上げます。

1. 有機溶剤でない「有機溶剤」

　一般的に言う（学校の教科書などに出てくる）「有機溶剤」は、物質を溶かす性質のある有機化合物の総称で、常温で液体のものをいいます。「有機溶媒」と呼ばれることもあります。お酒の成分であるエチルアルコール（エタノール）も「有機溶剤」です。

　有機則で規制の対象になっている有機溶剤は、「有機溶剤」のごく一部です。「有機溶剤」は、揮発しやすいものが大半で、その蒸気が呼吸器を通して体に入ったり、皮膚から吸収されたりすることがあります。その結果、一部の「有機溶剤」は、中毒などの健康障害に結び付くおそれがあり、職場での取り扱い方法などについて有機則などで規制の対象になっています。

　エチルアルコールのように有害性の低い「有機溶剤」もあります。ただし、お酒＝エチルアルコールの「飲み過ぎ」が健康（肝臓など）に悪いことは誰でも知っています。幸い「飲み過ぎ注意」は有機溶剤作業主任者の職務ではありません。一人ひとりが注意しましょう！

　「有機溶剤」であっても発がん性があるなどのためにさらに厳重な管理が特定化学物質障害予防規則（特化則）で求められている「有機溶剤」もあります。従来から特定化学物質（特化物）の特別管理

物質と位置付けられてきたベンゼンや、2014年に特別有機溶剤という名称で特化物特別管理物質に位置付けられたクロロホルムや四塩化炭素など12物質（2018年現在）などもあります（「Ⅳ－14. **特別有機溶剤も有機溶剤**」参照）。

　ただし、有害な「有機溶剤」のすべてが法令（有機則や特化則など）で規制の対象になっている訳ではありません。今後、有害性が明らかになる「有機溶剤」もあるということです。過去に中毒の事例があり、幅広い産業で使われているなどの場合に規制の対象になっていると考えておいてください。

有機溶剤作業主任者の法令上の役割は、労働安全衛生法／有機則で指定された有機溶剤に関することですが、上述のとおり、これ以外にも管理が必要な「有機溶剤」があることも忘れないようにしてください。「有害な化学物質かもしれない」という意識を持って取り扱いたいと思います。

　なお、労働安全衛生法／労働安全衛生規則で、リスクアセスメントの実施やSDS（安全データシート）の交付が義務付けられている化学物質（673物質〔2018年8月現在〕）の中にも、法定の有機溶剤以外の「有機溶剤」もあります。リスクアセスメントの実施とSDSの交付は、すべての化学物質（「有機溶剤」を含む）について実施することが努力義務となっています。

　中毒になる可能性が低く有機則の対象になっていない「有機溶剤」でも、引火性があって労働安全衛生規則などで危険物として管理が求められる「有機溶剤」もあります。

2. 健康診断を活かす

　有機溶剤を常時取り扱う作業（第三種有機溶剤についてはタンク等の内部での業務のみ対象）を行う場合は、6ヶ月以内ごとに有機溶剤健康診断（特殊健康診断）を受けることになります。体重や血圧などの検査をする一般定期健康診断とは別です。有機溶剤を取り扱う作業を行う同僚が確実に有機溶剤健康診断を受診するように周知したり、確実に受診できるように配慮することが必要です。有機溶剤健康診断の結果は、受診者本人に必ず通知されますので、特に作業を行う上での配慮が必要な結果になっていないかは確認しておきましょう。もし、気になる状況があれば、衛生管理者や産業医に確認してみてください。

　ところで、有機溶剤健康診断で検査する項目を知っていますか。共通する項目は、業務歴、有機溶剤による過去の異常所見等、有機溶剤による自覚症状（自分で感じる症状）と他覚症状（医師等が診て判る症状）などの確認、尿検査（蛋白）です。取り扱う有機溶剤の種類によって（有害性によって）検査項目が異なり、血液検査などが検査項目に含まれる場合もあります。

　作業主任者として特に注意しておきたい検査項目があります。「尿中代謝物の量の検査」です。この検査は、特定の有機溶剤を取り扱う作業でどの程度有機溶剤の蒸気にばく露された（肺や皮膚から体内に入った）かを調べる尿の検査です。体内に入った有機溶剤の多くは、時間とともに尿などから体外に出ていきます。ばく露された状況をできるだけ正確に把握するためには、一連の作業を行った最終日（週末など）の作業終了のタイミングで検査（採尿）を行うと望ましいということになります。このようなタイミングでの検査が

むずかしい場合でも、できるだけ最終日の作業終了時間に近いタイミングでの検査が望まれます。自分自身も含めて同僚が適切なタイミングで検査を受けることができるようにしたいものです。

<尿中代謝物量の検査対象の有機溶剤>
キシレン、N,N-ジメチルホルムアミド、1,1,1-トリクロルエタン、トルエン、ノルマルヘキサン

なお、トルエンを取り扱う作業を対象に行う尿中代謝物の検査は、検査前に摂取した清涼飲料水や栄養ドリンクなどの影響を受けることがあります。尿中代謝物の検査が必要な場合は、健康診断実施通知（案内文）の注意事項をよく確認して受診するように周知しておいてください。

＜参考＞有機溶剤特殊健康診断有所見者の数（全国）

年	受診者数	有所見者数	有所見率
2017年	672,641人	40,340人	6.0%
1987年	548,193人	2,578人	0.5%

（注）有所見（検査結果等に何らかの異常がある）と診断される理由は、有機溶剤の影響とは限りません。2017年の有所見率が1987年（30年前）に比べて10倍以上になっているのは、検査項目が充実したことによる面が大きいと思われます。ちなみにすべての従業員が受診する一般定期健康診断の有所見率は54.1%（2017年）です。

3. 測定結果から見えてくる

(1) 定期作業環境測定とは

　有機溶剤（第三種有機溶剤以外）を取り扱う業務を行う屋内作業場は、6ヶ月以内ごとに1回、事業場として作業環境測定をしなければならないことが法令で規定されています。作業環境測定士という資格を持った人（作業環境測定機関）が、この測定を実施することになっています。作業主任者の測定に関する責任や役割についての規定は法令にはありませんが、作業環境測定は、「仕事をする場所（環境）が安全かどうか」を確認する重要な手段です。作業主任者としても関心を持っておきたいと思います。

(2) 的確な測定ができるようにする

　作業環境測定の結果が、作業の実態をより正確に反映できるように、作業主任者として意識しておきたいことがあります。法令では、「場の測定（A測定）」と言って、作業場（単位作業場）の数か所（5点以上）に測定点を決めて、サンプリング（空気中の有機溶剤蒸気の採取）を行います。あわせて、発散源に近い場所での作業がある場合は、作業位置で濃度がもっとも高くなるタイミングで測定（B測定）を行います。測定点や測定のタイミングが変われば、測定結果も変わる可能性があります。作業環境測定士が的確にデザインする（測定点や測定のタイミングなどを決める）ことができるように、求めに応じて作業方法や作業位置などの必要な情報を伝えるようにします。

(3) 測定結果を活かす

　測定結果を確認したときにも、測定点や測定のタイミングの関連で気になることがあれば作業環境測定士や衛生管理者などの関係者に伝えてください。法令で、測定結果の評価等について事業場の労働者（もちろん作業主任者も含まれます）は確認できることになっています。

　測定結果に課題がある場合（第二管理区分や第三管理区分だったときなど）には、その原因を作業主任者としても把握して、衛生管理者などの関係者とともに有機溶剤中毒防止に必要な措置を講じることになります。作業の方法に課題がある場合、作業環境対策（局

所排気装置など）に問題がある場合、こぼれた有機溶剤が原因の場合、容器の密閉が不良（蓋が無いなど）の場合などさまざまな要因が考えられます。

⑷　変化する作業環境

作業環境中の有機溶剤濃度は、いろいろな要因で変化していきます。6ヶ月に1回の測定の結果が良好だったからといって、その後もずっと良好（大丈夫）ということではありません。時々刻々と状態は変化しているといってもいいでしょう。日常の作業の実態を見ている作業主任者として、測定の結果を参考にしながらも、日々の作業の状況に応じて有機溶剤中毒防止のために必要な措置を確実に実施することが必要です。

⑸　必要に応じて確認する

第三種有機溶剤は、有機則では作業環境測定の対象になっていませんが、必要だと感じる場合は、衛生管理者などの関係者と相談してみてください。作業の指揮や保護具着用の徹底に活かすことにつながることがあります。作業環境対策設備の充実が必要だとの判断になるかもしれません。

検知管方式という簡易な測定方法で作業環境中の濃度を確かめることができる有機溶剤もあります。作業環境測定士の行う測定とは別に、作業主任者が測定することも可能です。必要だと思うときは、衛生管理者などの関係者に相談してみましょう。建設業などで、有機溶剤を取り扱う場所（作業場）が一定しない場合は、作業環境測定士による作業環境測定の実施がむずかしいこともあります。このような場合は、簡易な測定方法で作業環境の状態を確認してみることができるといいでしょう。

4. 局所排気装置等の流れを活かす

(1) 「局所」で排気する

　「局所排気装置」という呼び方どおりの目的を果たせるようにしたいものです。「局所麻酔」という言葉を知っていると思いますが、狙いとする範囲だけに麻酔をかけることになります。局所排気装置の場合は、「局所」＝「有機溶剤の蒸気が発散する場所」の排気を目的にした装置になります。目的が果たせるようにしなければ、「局所排気」ではないということになります。

(2) 排気を活かす使い方

　多くの局所排気装置やプッシュプル型換気装置（この項では、あわせて局所排気装置等と記載しています）は微弱な気流（制御風速0.4〜1.0m/s以上）で有機溶剤の蒸気を排出する設計になっていることも重要な特徴です。微弱な気流をうまく使えるようにしなければ効果は期待できません。

　有機溶剤の蒸気を確実に排気させるためには局所排気装置等の排気フードの近くで有機溶剤を取り扱えるように作業を行う（作業する場所に排気フードを設置する）ことが原則です。あわせて、作業する人が、排気される高濃度の有機溶剤の蒸気の流れの中に入らない（蒸気の流れの中で呼吸しない）ような作業方法・作業位置にしなければいけません。

(3) 能力を発揮させる

　局所排気装置等の性能や検査・点検などは、有機則で決められています。必要に応じて検査（定期自主検査）や点検の結果を確認し

てください（「Ⅲ－5．作業環境対策は役に立つ？」参照）。

　定期自主検査で確認した制御風速などの指標では必要な能力があると判断された局所排気装置等でも、スプレー缶やスプレーガンからの噴出気流、暑さ対策の扇風機や送風機からの風、建物に入ってくる風などで排気の気流が乱れて、数値で示されたほどの効果が発揮されないことがあります。注意して作業の様子を確認してください。

　プッシュプル型換気装置では、プッシュ気流が作業する人や障害物（製品など）に当たると乱れて効果が発揮されないこともあります。有機溶剤蒸気を運ぶプッシュ気流の上流側に背中を向けて入ると、懐側（お腹の側）が負圧になって渦ができて、呼吸する位置の有機溶剤濃度が高くなることもありますし、気流が乱れて有機溶剤蒸気の排気が十分できないこともあります。このような場合は、作業方法を見直すなどの対応が必要です。また、プッシュプル型換気装置は、乱れの少ない気流を吹き出して（プッシュ）、吸い込む（プル）ことになります。圧空（圧縮空気）のように吹き出す気流になってしまっては、空気の流れに渦ができて乱れ、効率的に有機溶剤の蒸気を排出することができません。繊細な装置だと理解して、プッシュフードからプルフードへの気流を管理することが必要です。

⑷　空気の入口

　局所排気装置等で有機溶剤の蒸気を排気する（空気と一緒に排気する）ためには、排気される（有機溶剤の蒸気を運ぶ）空気が必要です。作業室の中の局所排気装置が設計値ほど排気しないので調べたら、空気の入ってくる場所がなかったという例もあります。このような部屋は、室内が負圧になっていて出入口の扉が開けにくいとか、バタンと扉が閉まることでわかることもあります。室外の空気

を入れるための給気孔が必要です。どこから空気が入ってきて（供給されて）どのような流れになって有機溶剤の蒸気とともに排出されるのか調べてみてください。家庭で使っているガスレンジの上のレンジフードなどでも、ファンは回っているのに、部屋の中に空気が入らずにうまく排気されないことがよくあります。

　作業主任者テキストにも局所排気装置等の効果を上げる方法や有効な使い方が例示してありますので確認してください。

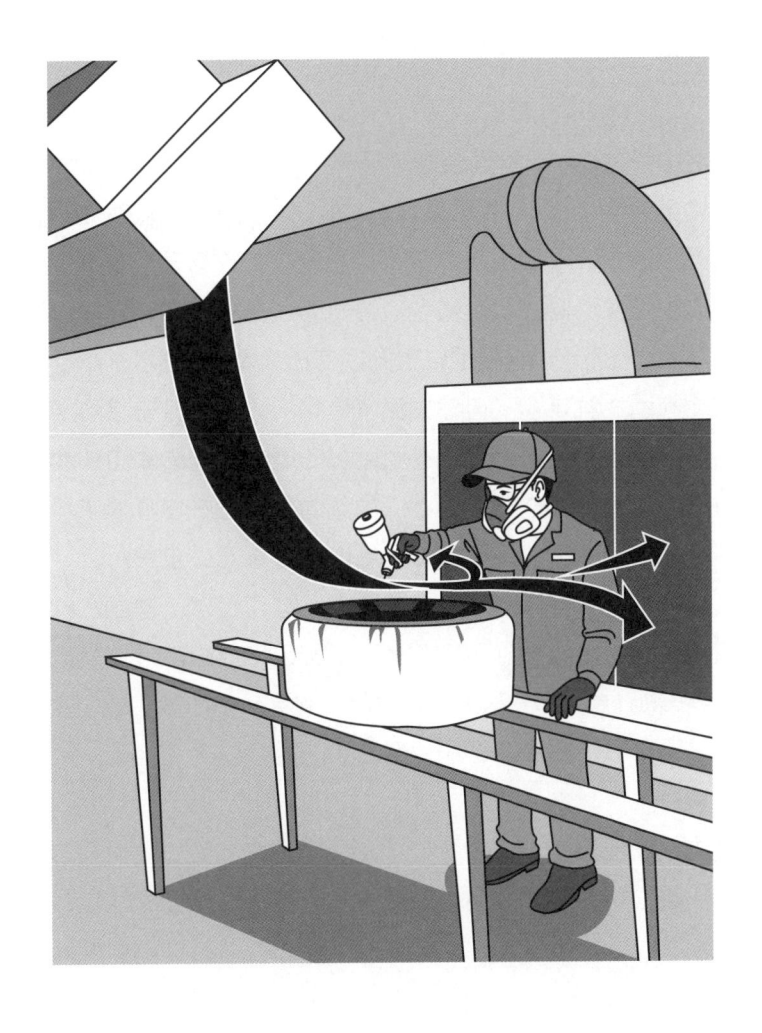

5. 全体換気装置で換気する

　密閉された（扉や窓を閉め切った）部屋の壁に換気扇があって、換気扇のスイッチを入れました。換気扇の羽根は回るでしょうか。答えは、「回る」です。ただし、回っているのですが、十分な換気（部屋の中の空気を入れ替えること）はできません。局所排気装置等で空気の供給が必要なことと同じです。外から空気の入らない場所では、換気扇はほとんど空回りしていることになります。

(1)　いろいろな全体換気装置

　全体換気装置には、建物の壁などに組み込まれた固定式のもの（換気扇など）とポータブルファン（持ち運びできる軸流ファンタイプなど）のような移動式（可搬型）のものがあります。建設作業や保全作業などの出張作業（現地に出向いての作業）ではポータブルファンがよく利用されます。自然換気（建物内の温度分布（熱源などによる）から生じる空気の流れを利用して屋根や壁の開口部から換気する方法）は、天候や気温などに換気効果が左右されやすく、能力が不安定なため有機溶剤蒸気の換気には適していません。

　換気装置の使用に当たって、一番大切なことは、換気される（有機溶剤の蒸気が排出される）ことです。このためには、換気装置の持っている能力が十分あること、能力が発揮されること、能力を十分活かせるように使うことが大切です。

(2)　能力の確認

　換気装置の能力は、取扱説明書や換気装置に貼り付けてあるラベルに記載されています。じっくりと見たことはありますか。能力が

足りているか一度確認しておきましょう。作業する場所の広さや位置によって必要な能力が変わります。不十分なときは、能力のあるものを使うか、台数を増やす必要があります。有機則でも必要な能力が規定されています。判断できない場合は、衛生管理者などに確認してもらってください。

(3) 能力を発揮させる

ポータブルファンのフレキシブルダクト（スパイラル風管）の中を空気が流れるときには、抵抗（圧力損失）があります。特に長いフレキシブルダクトを使う（2本以上をつないで使うなど）場合は、流れる空気の量（送排気量）が想定しているよりも減ることがあります。しっかりとした確認が必要です。

フレキシブルダクトを分岐（途中でタコ足状にダクトをつなぐなど）して使うときは、すべてのダクトに同じ風量が流れる（同じ排気量になる）とは限りません。このような使い方も注意が必要です。

フレキシブルダクトが捻じれて流れが止まったり、ダクトに孔が開いたり、接続部に漏れがあったりしては換気装置の能力が発揮されませんので、十分注意しなければいけません。

　換気装置の能力を発揮させるためには、何が必要でしょうか。当たり前ですが、まず「電源につなぐ」「スイッチを入れる」ことです。動かなければ能力が発揮されるはずもありません。ポータブルファンの場合は、プラグがコンセントから抜けないようにしておくこともとても重要です。

　なお、可燃性の有機溶剤を取り扱うときなど爆発のおそれがある場所では、防爆タイプの換気装置にしなければ危険です。

(4)　点検整備する

　能力が発揮されるように整備（点検・保守）しておくことも欠かせません。作業主任者の職務の一つとして全体換気装置の点検があります。自分自身で点検するか、同僚にやってもらうかは別にして、作業主任者としての確認が必要です。固定式の場合も移動式の場合も点検表がなければ、作成して確実に点検するようにしてください。メーカーが作った点検表もあるはずですので確認してください。事業場として統一した点検表にする場合は、衛生管理者などに相談して作ってもらいましょう。

(5)　効果的に使う

　換気装置の能力を活かすために大切なことは、有機溶剤の蒸気の濃度が下がるように使うことです。そのために確認したいのが、気流（換気装置による空気の流れ）です。どこから清浄な空気が入ってきて、有機溶剤の蒸気がどのように出ていくかを確認してください。換気しているつもりでも、使い方が適切でないとまったく効果

がありません。

　有機溶剤の蒸気の濃度が一番高い空気が効率的に排気されるためには、有機溶剤蒸気の発生源の近くで排気できるように作業を行う（換気装置を置く）ことも必要です。

　換気の方法には、排気するだけでなく、外から清浄な空気をたくさん入れて有機溶剤の蒸気の平均的な濃度を下げる方法もありますが、この場合も作業場所の有機溶剤がどのように外に出ていくかが問題で、結構むずかしい方法です。どのように換気装置を使う場合でも、有機溶剤の蒸気は空気よりも重く下に溜まりやすいことを頭において使うことも重要です。

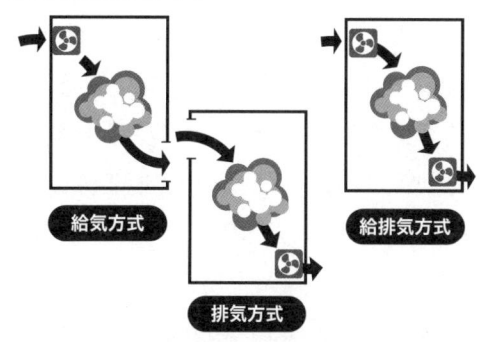

給気方式　　**排気方式**　　**給排気方式**

<ポータブルファンの点検項目例>取扱説明書を確認してください

部位	点検項目例
スイッチ	損傷、作動不良
電源ケーブル	キンクや被覆の傷
差込みプラグ	変形やガタ
ファン	損傷（亀裂や欠損など）、ゴミや油などの付着
ファンケーシング	変形、網目の損傷（破れなど）
モータ	異音や異常な発熱、発煙、異臭
モータケーシング	変形、ごみ付着（冷却用孔の詰り）、締め具（ゆるみ）
フレキシブルダクト	破れ、孔、接続具（変形など）

6. 防毒マスクを活かす

(1)　効果のあるものを効果的に

　有機溶剤を取り扱う作業で使う呼吸用保護具として代表的なものの一つに防毒マスクがあります。ただし、防毒マスクは急性中毒になるような高濃度の有機溶剤があるところでの作業には適していません。低濃度の環境での使用するもので、有機溶剤の吸入を少しでも減らすために使うものだと考えておくといいでしょう。現実には換気装置などと併用される（一緒に使う）ことが多いと思われます。

　「効果のある保護具」を「効果があるように使用」することが必要です。防毒マスクが効果を発揮するのは、有機溶剤の蒸気を含んだ空気が、吸収缶を通って、有機溶剤が吸着（除去）されて、清浄な空気を呼吸器（鼻や口）から吸い込むことで効果が発揮されます。効果が発揮されるようにするためには、次のような点の確認が必要になります。

① 　隙間（顔と面体の間、面体自身の傷・劣化、排気弁）から有機溶剤の蒸気が入らない（顔（形、大きさ）に合ったマスクを使用する、密着性を確認する、排気弁（吐いた息が出ていく孔の弁）がキチンと作動する（弁が正しく取り付けられている、弁が劣化していない））

② 　吸収缶が機能する（吸収缶の選択が正しい（有機ガス用の吸収缶を使用している）、破過していない（効果がある）、有効期限（吸収缶の側面に記載がある）内のものを使っている、水にぬれたり塗料が付着したりしていない）

　このようなことを確認するために、定期的な点検と使用開始前点検、使用時の密着性の確認（フィッティングテスト）が必要です。

点検の方法は保護具メーカーの資料や作業主任者テキストなどを確認してください。

　どんなものでも同じですが、使用を繰り返していると時間の経過とともに機能が落ちてきます。保護具に共通する機能低下で、もっとも多いのが損傷と劣化です。保護具は、ゴムやプラスチックなど、キズが付いたり、孔が開いたりする可能性のある素材が使われていることが多くあります。時間の経過とともに劣化したり、伸びてしまったりすることもあると考えておきましょう。目で見てわかる場合もありますが、引っ張ったりすることでわかることもあります。マスクの面体、頭紐、吸気弁、排気弁、連結管（蛇管）などで注意が必要です。送気マスク、保護手袋、保護衣などでも同じです。

(2)　破過する前に

　吸収缶の管理に関して要点を確認しましょう。「破過」は、吸収缶による有機溶剤蒸気の吸着（除去）可能量を超えて、有機溶剤の

蒸気が通り抜けてしまうことをいいます。破過した後は、徐々に透過する有機溶剤の濃度が上がるのではなく、一気に能力がなくなると考えてください。バケツに水を入れているときに、バケツが一杯になって水が溢れ出すような状態のイメージです。入れる水量が多ければ、バケツはすぐに一杯になります。高濃度の有機溶剤雰囲気の中では、吸収缶は短時間で破過します。

　吸収缶が有効に使える時間は、大まかに言えば有機溶剤の種類と濃度、呼吸量、温湿度によって決まります。防毒マスク及び防毒マスク用吸収缶に添付されている破過曲線図を参考に、除毒能力に余裕を持たせた使い方をしてください。吸収缶の交換のタイミングや予備品の準備については、衛生管理者などの関係者と相談して、職場で基本となる基準を決めておくことが必要です。

　なお、「防毒マスク（吸収缶）の効果がなくなれば臭いがするから大丈夫」と思い込むことは危険です。たとえ臭いのある有機溶剤でもすぐに臭いを感じなく（鼻が利かなく）なりますので、臭いだけに頼るのは危険です。

　また、使用済みの吸収缶は、袋などに入れて廃棄しましょう。吸着された有機溶剤が揮発する可能性があります。

(3)　着用の判断

　有機則では「有機溶剤業務を行う作業場所に、有機溶剤の蒸気の発散源を密閉する設備、局所排気装置またはプッシュプル型換気装置を」設けたときは、防毒マスクなどの呼吸用保護具の着用を求めていません。これは、局所排気装置などにより有機溶剤の蒸気が排出されて、有機溶剤中毒のおそれがある状態ではなくなっているとの考え方によるものと思われます。ただし、現実には局所排気装置などが常に完璧に能力を発揮するということではないですし、作業

の方法によっては有機溶剤の蒸気にばく露されるという可能性もあるかもしれません。作業の段取りや片付けまで含めて考えてみてください。法令に従うということだけでなく、より安全な作業を行うようにするという視点で、保護具使用の要否を考えるといいと思います。

　なお、防毒マスクも進化し、電動ファン付防毒マスク（有毒ガス用電動ファン付き呼吸用保護具）も開発されています。面体の中が常に陽圧になるようにファンが内蔵されています。面体と顔面の隙間からの漏れによる影響がなく、呼吸も楽になります。必要性を感じる場合は、上司や衛生管理者に相談し、保護具メーカーの説明をよく確認してみてください。

＜参考＞厚生労働省通達「防毒マスクの選択、使用等について」
　　（平成17年2月7日）
　インターネットでも検索できますので、確認してみてください。作業主任者テキストの巻末「参考資料」にも掲載されています。

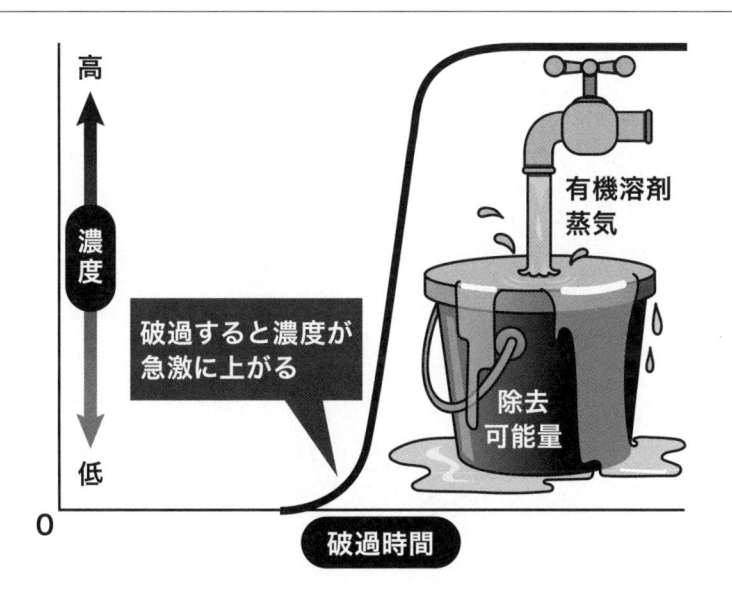

7. 送気マスクを活かす

(1) 送気マスクの使用

　送気マスクは、字の通り、空気（清浄な空気）を送る呼吸用保護具です。確実に清浄な空気を使用者が吸うことができなければなりません。代表的なものとして、電動送風機形ホースマスクやエアラインマスクがあります。送気マスクの使用上の注意や管理（点検）のポイントは、作業主任者テキストなどに詳細に記載されていますので、確認してください。点検表を作り、抜けのない管理を行うことが必要です。

　送気マスク管理の主な考え方は、①呼吸に必要な量の清浄な空気を送ること、②途中（ホース、送気管）で空気の流れが遮断されないこと、③隙間（顔と面体の間、面体自身の傷・劣化、排気弁）から有機溶剤の蒸気が入ってこないようにすることになります。

(2) 想定されるトラブル

　作業中の送気マスクの事故として想定されることとして、①送気用の送風機やコンプレッサー（空気圧縮機）が止まる（電源コードが抜ける、故障など）、②高圧空気容器（ボンベ）の空気が無くなる、③エアラインマスクの接続を間違える（接続する工場内配管を間違えて窒素取り出し口などに接続してしまうなど）、④ホースが切れる・屈曲する（重機などの下敷きになるなど）ことなどが考えられます。このほか、⑤空気の取入口から自動車の排気ガスやコンプレッサーの不完全燃焼の排気ガスが混ざった空気（一酸化炭素濃度が高い）が入って一酸化炭素中毒（CO中毒）で送気マスク使用者が倒れたなどという事例もあります。吹き付け塗装用のエアコンプレッ

サーの排気ガスにも注意が必要です。⑥ホースが短くて、作業範囲に届かず、作業中にマスクを外してしまうとか、ホースが何かに引っかかり引っ張られてマスクが外れるなどということも考えられます。

(3) もう一度確認しておきたい

　有機溶剤の取り扱いで送気マスクを使うのは、一般的には相当に有機溶剤の濃度が高くなるおそれのある場所か、酸欠（酸素欠乏）の危険がある場所、あるいは他の有害ガスがある場所になります。言い方を変えれば、作業中に送気マスクが外れたり、送気マスクが機能しなくなったりしたら命に関わることになります。送気マスクを着用して槽内の塗装作業をしていたときに、交代要員が直結小型防毒マスクを着用して槽内に入り、送気マスクと防毒マスクを交換しようとしてマスクを外したために高濃度の有機溶剤蒸気を吸い込み急性中毒で倒れたという災害もありました。

　このようにいろいろな事態を想定して、安全に使える送気マスクの準備、正しい使用、使用中の要所（コンセントなど）の固定や監視などの対応を行ってください。また、送気マスク使用時は、作業の自由度が減る（動きが限られる）ことによってケガに結び付くことも考えられますので、安全の確保の視点でも問題がないか確認することが必要です。

＜参考＞厚生労働省通達「送気マスクの適正な使用について」
　　　（平成25年10月29日）
　インターネットでも検索できますので、確認してみてください。作業主任者テキストの巻末「参考資料」にも掲載されています。

8. 保護手袋などを活かす

有機溶剤が付着（有機溶剤が手にふれるなど）すると、皮膚を通して体内に入ってくると考えておいてください。皮膚からの吸収だけで中毒になる可能性もあります。皮膚が荒れたり、発疹が出たりすることもあります。これらのことを防ぐ方法の一番は、有機溶剤に触れない作業方法にすることです。どうしても触れるおそれがあるときは、保護具を使用することが必要になります。

(1) 保護手袋などの選択

皮膚を守るための保護具の代表は、保護手袋（防護手袋）です。どのような保護手袋を選ぶかはとても大切です。使い方にもよりますが、有機溶剤の液体の中に手を入れて行うような作業ではより慎重に選ぶ必要があります。ここでは、詳しく説明しませんが、保護具メーカー（取次店）に取り扱う有機溶剤と作業内容を伝えて、適切な物を選ぶことになります。材質によっては、まったく効果がなかったり、時間とともに劣化したりして有機溶剤などが透過してしまうこともあります。

また、手袋は使いやすくなければ、実際の作業で使用しないということになりかねません。使い勝手（手指が動きやすい、物をつかみやすい）も大切です。保護具の購入を、事業場としてまとめて行っている場合も多いと思いますが、効果や使い勝手が気になる場合は上司や衛生管理者に相談してみてください。

適切なものを選択するとともに、効果が無くなる前に交換することも必要です。破れたり、孔が開いた手袋では、保護手袋の役割を果たしませんので、交換が必要になります。節約しようとして、テー

プ（メンディングテープ、ガムテープなど）で補修して使うような
ことは決してしてはいけません。

(2) 保護衣などの使用

保護手袋以外に、有機溶剤の液滴が飛散するような作業では、前
かけや保護衣（防護服）、場合によっては保護長靴の使用が必要な
場合もあります。保護手袋と同じように管理が必要です。

なお、手や身体が塗料などで汚れたからといって有機溶剤（シン
ナーなど）で汚れを落とすようなことは絶対にしないように徹底し
ておいてください。石けんやぬるま湯などで洗うことになります。

(3) 保護めがねで眼を守る

有機溶剤の飛沫などが眼に入るおそれのある作業では、保護めが
ねの着用が必要です。吹き付け作業などだけでなく、刷毛を使う作
業等でも飛沫が飛ぶ可能性があります。洗眼できる場所（洗眼器や
シャワー設備が理想的）も確認しておきましょう。有機溶剤の眼へ
の影響は、有機溶剤の種類によっても異なりますが、眼から有機溶
剤が吸収されるというよりも、結膜や角膜の炎症を引き起こすこと
になります。もし入ったときは、水道水などのきれいな流水で十分
洗眼し、医師の診察を受ける必要があります。このようなことにな
らないように保護めがねを有効に使うようにしてください。顔との
間にすき間ができにくいゴグル（ゴーグル）形のものなどを使う必
要があります。

> **<参考>厚生労働省通達「化学防護手袋の選択、使用等について」**
> （平成29年1月12日）
> インターネットでも検索できますので、確認してみてください。作業主任者テキストの巻末「参考資料」にも掲載されています。

> **<参考>保護手袋などに関する労働安全衛生規則**
>
> （皮膚障害等防止用の保護具）
>
> 第594条　事業者は、皮膚に障害を与える物を取り扱う業務または有害物が皮膚から吸収され、もしくは侵入して、健康障害もしくは感染をおこすおそれのある業務においては、当該業務に従事する労働者に使用させるために、…不浸透性の保護衣、保護手袋…等適切な保護具を備えなければならない。
>
> （労働者の使用義務）
>
> 第597条　…に規定する業務に従事する労働者は、事業者から当該業務に必要な保護具の使用を命じられたときは、当該保護具を使用しなければならない。

9. 有機溶剤を保管する

　有機溶剤の保管についても、有機溶剤中毒を防止するという観点での有機則の規定があります。火災や爆発の防止の観点では消防法などの規定があり、保管数量の管理や保管場所の制限、消火設備の設置などが決められています。さらに、有機溶剤の多くには経口毒性（飲み込むと危険）があり、成分によっては、「劇物」などに該当して「毒物及び劇物取締法」の規定に従って保管量（使用量）の管理などが必要なこともあります。有機溶剤は、化学物質の一種ですから、環境への影響なども含めて安全な管理と取り扱いが必要だということを認識して適切な保管・管理を行ってください。SDSにも関連する記載があります。作業主任者の職務ということではありませんが、必要な場合は事業場の所管部門などに確認してみてください。

＜参考＞有機則の「有機溶剤等の貯蔵」に関する規定

第35条　…有機溶剤等を屋内に貯蔵するときは、有機溶剤等がこぼれ、漏えいし、しみ出し、または発散するおそれのないふたまたは栓をした堅固な容器を用いるとともに、その貯蔵場所に、次の設備を設けなければならない。

1　関係労働者以外の労働者がその貯蔵場所に立ち入ることを防ぐ設備

2　有機溶剤の蒸気を屋外に排出する設備

10. 空容器などを処分する

　塗料のスプレー缶を使い終わり、ピットに入れておいたら、後日突然に爆発してケガをしたという災害事例があります。着火源はわかりませんが、スプレー缶に残っていたわずかな可燃性の有機溶剤の蒸気が、スプレー缶を処分するために開けた孔から漏れ出て溜まったところに火が着いたという例です（ひょっとしたら噴射剤としてLPGが使われていたかもしれません）。着火源は、金属の接触や周辺での工事の火花などいろいろなことが考えられます。このようなことは、ピットでなく、深さのある容器（バッグ、ドラム缶）などでも、有機溶剤の蒸気が溜まる場所では同じことが起きる可能性があります。ほとんどの有機溶剤の蒸気は空気よりも重かったですね。LPGも同じです。溜まりやすいということになります。

　有機溶剤が入っていた空容器や有機溶剤が付着した用具からは有機溶剤が蒸発すると考えての措置が必要です。上述の例を示したとおり、有機溶剤の蒸気が溜まる場所では、有機溶剤中毒だけでなく火災や爆発の可能性もあります。

　有機則の「空容器の処理」に関する規定に従った措置も必要です。

＜参考＞有機則の「空容器の処理」に関する規定

第36条　…有機溶剤等を入れてあった空容器で有機溶剤の蒸気が発散するおそれのあるものについては、当該容器を密閉するか、または当該容器を屋外の一定の場所に集積しておかなければならない。

11. 掲示を見る

　有機溶剤を取り扱う作業場に必要な掲示（看板など）や表示は法令で詳細に決まっています。有機溶剤に関して必要とされる掲示は、いろいろとあります。掲示板の色・文字色や大きさまで決まっている掲示もあります。どうして有機溶剤だけなのかについて筆者は知りませんが、有機溶剤がそれだけ身近なものであり、その一方で有害な物質だからだと理解しておきましょう。

　ところで、どこに有機溶剤に関する掲示があるか知っていますか。そして、そこにどのようなことが書いてあるのかキチンと読んだことはあるでしょうか。掲示は、掲示することが目的ではなく、書いてあることを理解して、安全に作業することが目的です。もし読んだことがないのであれば、キチンと読んでみてください。

　有機溶剤中毒に関することだけでなく、引火性の有機溶剤の場合は危険物としての表示なども必要になります。

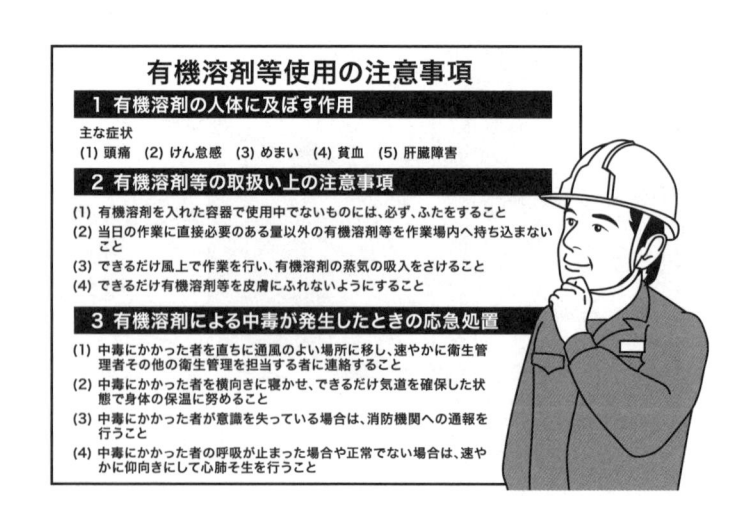

＜参考＞有機則で求められる掲示

第24条　…屋内作業場等において…作業中の労働者が容易に知ることができるよう、見やすい場所に掲示しなければならない。

　…人体に及ぼす作用、…取扱い上の注意事項、…中毒が発生したときの応急処置、…各号…の内容及び掲示方法は、厚生労働大臣が…定める。

第25条　…屋内作業場等において…有機溶剤業務に係る有機溶剤等の区分を、作業中の労働者が容易に知ることができるよう、色分け及び色分け以外の方法により、見やすい場所に表示しなければならない。…色分けによる表示は、第一種…赤、第二種…黄、第三種…青

＜参考＞労働安全衛生規則が規定する立入禁止表示など

第288条　…火災または爆発の危険がある場所には、火気の使用を禁止する旨の適当な表示をし、特に危険な場所には、必要でない者の立入りを禁止しなければならない。

第585条　…関係者以外の者が立ち入ることを禁止し、かつ、その旨を見やすい箇所に表示しなければならない。

　5　ガス、蒸気または粉じんを発散する有害な場所

　6　有害物を取り扱う場所

＜参考＞労働安全衛生規則の求める「作業主任者の氏名等の周知」

第18条　…作業主任者を選任したときは、…作業主任者の氏名及びその者に行なわせる事項を作業場の見やすい箇所に掲示する等により関係労働者に周知させなければならない。

12. 保護具などを購入する

　保護具を買う予算はありますか。保護具に限りませんが、安全に仕事をするために必要な保護具や用具には、寿命がありますので、更新が必要になります。保護具などは、見かけは良くても、効果がない状態で使うということがないように、タイミングよく更新するようにします。防毒マスクの吸収缶がこの代表です。ギリギリまで使うというよりも、少し余裕を持って次を準備して、常に安全な状態で仕事ができるようにしてください。もちろん、保護具などを大切に使い、点検・整備してキチンと保管し、いつでも本来の目的に沿った（効果の発揮できる）使い方ができる状態にしておくことも必要です。

　作業する人の数の変更や状態（作業環境）に応じて、一人ひとりに必要な保護具や用具を確保することも忘れないでください。個人貸与（支給）して管理することが必要な保護具もあります。

　このように保護具などを必要なときに確実に使える状態にしておくためには、予算（年度予算、上下予算など）を確保しておくことが欠かせません。予算管理を行う上司や担当部門の理解を得て、必要な予算を確保しておきましょう。効果のない保護具を予算の都合で使い続けるようなことがあってはいけません。

$13.$ 爆発させない

　多くの有機溶剤には、引火性（火が着く性質）があり、その蒸気は可燃性（燃えたり爆発したりする性質）です。労働安全衛生法は、このような物質を「危険物」として火災や爆発の防止措置を求めています。消防法の規定もあります。職場で使っている有機溶剤は危険物でしょうか。職場で、有機溶剤を安全に取り扱い、火災や爆発が起きないようにすることが必要なことは言うまでもありません。

　液体が燃えるように見えるのは、液体に火が着くというよりも、液体表面で気体状になった有機溶剤が燃える（酸化する）ことによるものです。引火性の液体の沸点（沸騰する温度）が低いと蒸発しやすく、燃えやすいことになります。引火性のあるものに一旦火が着くと、温度上昇とともに液体が次々と蒸発して気体になって連続的に燃えることになります。蒸発した気体が燃えずに溜まり（爆発限界に入る濃度になり）、火が着く（着火源がある）と爆発することになります。

　火災や爆発を防ぐためには、火気（着火源）があるところで引火性の有機溶剤を使用してはいけませんし、有機溶剤を使っている場所や有機溶剤の蒸気が溜まっている可能性がある場所（ピットなど）に着火源となるものがないようにすることが必要です。着火源としては、見た目ですぐにわかる火炎や工事のときの溶接・溶断やグラインダーの火花だけでなく、電気スイッチの火花、金属同士がぶつかることによる火花、静電気、高温物などが考えられます。もちろん通気をよくして、可燃性の蒸気が溜まらないようにすることも大切です。可燃性の有機溶剤の蒸気がある場所では、防爆型の機器（照明器具など）の使用も欠かせません。

最初に火が着くものが、有機溶剤であったとしても、炎が上がったり、周りが熱せられて、可燃性の物（木材、紙、布、可燃性のプラスチックなど）に火が着いて火災が広がることもあります。引火性の有機溶剤を使う場所には、燃えやすい物を置かないようにすることも必要です。

14. 特別有機溶剤も有機溶剤

　2012年に印刷機の洗浄剤として塩素系有機洗浄剤を使用していた印刷会社の従業員が胆管がんを発症し、マスコミでも大きく取り上げられました。このことを受けて、発がんのおそれのある有機溶剤が特別有機溶剤（特化物／特別管理物質）となり、特定化学物質障害予防規則（特化則）の規制の対象になりました。

　特別管理物質は、発がん性があり、遅発性の影響がある（影響が出るまでに時間がかかる）ため、作業を行うときの管理のほか、作業記録、特殊健康診断結果や作業環境測定結果などの30年間保存、有害性等の掲示の措置が必要になります。

　ただし、特別有機溶剤も、物質の性質は「有機溶剤」であるため、発散抑制措置（局所排気装置の使用など）、呼吸用保護具などについては有機則の規定に基づいた管理を行うことになります。特別有機溶剤を取り扱う作業を行うときの作業主任者（特化物作業主任者）も、有機溶剤作業主任者の資格を持った人（技能講習修了者）の中から選任されることになります。有機溶剤作業主任者は、「有機溶剤」の管理に関する知識を持っていて的確な管理ができることが期待されています。特別有機溶剤に関して特化物作業主任者に選任された場合は、特別有機溶剤を取り扱う作業の管理として実施すべき事項を作業主任者テキストなどで確認してください。

<参考>法令で規定されている特別有機溶剤

クロロホルム　　　四塩化炭素　　　1,4-ジオキサン

1,2-ジクロロエタン（別名二塩化エチレン）

ジクロロメタン（別名二塩化メチレン）　　　スチレン

1,1,2,2-テトラクロロエタン（別名四塩化アセチレン）

テトラクロロエチレン（別名パークロルエチレン）

トリクロロエチレン　　　メチルイソブチルケトン

1,2-ジクロロプロパン　　エチルベンゼン

<参考>特別有機溶剤に関して法令で求められる記録

1　作業記録の作成（特化則第38条の4）

　常時作業従事者について1ヶ月以内ごとに記録。

　①従事者氏名　②従事作業の概要及び従事期間　③特別有機溶剤により著しく汚染される事態が生じたときの概要及び講じた応急の措置の概要

2　30年間の記録保存（特化則第36条、36条の2、38条の4、40条）

　①健康診断個人票　②作業環境測定及び評価記録　③作業記録

3　有害性等の掲示（特化則第38条の3）

　①名称　②人体に及ぼす作用　③取り扱い上の注意事項　④使用保護具

V

さすが 作業主任者

作業主任者として存在感のある仕事をしたいと思います。各章でも書いてきましたが、職場の中で作業主任者としての信頼を得て職務を進めるために考えておきたいことがあります。

1. 作業主任者への共感

作業主任者の職務を一人ですべて実施することは実際にはむずかしいと思います。職場の同僚とともに安全に作業ができるようにしたいものです。多くの仕事は、スポーツにたとえれば、個人競技ではなく、チームプレイの必要な競技です。一人でがんばっても試合には勝てないのと同じことです。チームリーダー（監督（選手兼監督？）、キャプテン）が作業主任者です。

では、職場の同僚の力を引き出すにはどうしたらいいのでしょうか。基本は二つだと思います。

一つは、作業主任者が「信頼できる存在である」ことです。このためには、同僚を守る（安全に責任を持つ）という姿勢と、作業主任者としての見識（知識と判断力）が必要でしょう。基本的な知識を身に付けることだけでなく、わからないことに対してキチンと調べる（専門家に聞くということでも構いません）という姿勢も大切です。

もう一つは同僚を信頼することです。「作業主任者が指示をすれば同僚は従うものだ」という考え方は間違っていませんが、裏返して考えれば、「指示がなければしない」、見られていないところでは「指示に従わなくてもいい」といった考えにつながることもあります。同僚の存在を大切に思い、頼りにしていることを、日ごろから口に出して伝えることも必要です。

「作業主任者を中心にして、安全に作業を進めよう」という職場にしたいものです。

2. 作業前に一言

　有機溶剤を取り扱う作業を始める前に、作業主任者として職場の同僚に一言伝えておきたいと思います。特別に気の利いたことを言わなくても、同僚に「有機溶剤の取り扱いを安全に行おう」という気持ちを思い起こさせる一言でいいでしょう。

　一言は、その日の作業の特徴に関連したことがいい（望ましい）ですが、前の日（前の作業）などに気付いた作業のポイントや、場合によっては、よその（事業場外の）災害事例（「Ⅶ-5. ネタ探し（情報源）」参照）を紹介して作業のポイントを説明するということでもいいでしょう。職場の状態や同僚の関心も考えた内容にしたいものです。

　作業主任者が一人で発言するのではなく、同僚に作業の安全について一言発言してもらうといった方法もあります。作業のポイントを若い人には復唱させる、ベテランには実際の作業での注意点を補足してもらうということも職場の一体感を増すことになるいい方法です。発言することにより、発言した人の記憶に定着し、発言内容に沿った行動をとることにも結び付きます。

　特別な作業（初めての作業、いつもと違う作業、安全を確保するために特別な対応が必要な作業、作業標準書（作業手順書、作業マニュアル）がない作業など）の場合は、しっかりと作業の安全確保のための措置について具体的に確認してください。作業主任者の職務の一つである「作業の方法を決定し、労働者を指揮すること」になります。なお、作業中に予期しない事態が発生したりした場合には、必ず作業主任者に報告相談するように日ごろから伝えておくことも大切です（「Ⅱ-5. 変化すること」参照）。

あなたが職場の管理者や監督者でなければ、管理者や監督者と相談して「作業主任者としての一言」を発言する時間を持つようにしてもらってください。

　当然ですが、作業前の一言だけでなく、換気装置や保護具などの作業前の点検も忘れないようにしてください。作業主任者がすべて点検するということではなく、分担して実施したり、保護具は使用する人がそれぞれ点検することを作業主任者がリードして実施することになります。

3. 作業中の一言

　「作業を指揮」したり、「保護具の使用状況を監視」したりするためには、実際に作業を行っている状態を確認することが必要になります。作業主任者としての仕事以外はしないでいい（監督だけしていればいい）というケースは少なく、自分でも作業をしながら作業主任者の仕事をすることが多いと思います。このような場合は、同僚の作業をずっと見ている（監視している）ことはできないでしょう。このような場合であっても、同僚の作業の様子に関心を持っていることを示すことがとても大切です。このためには、同僚の作業の様子をときどき（安全に作業を進めるために確認が必要なタイミングや一定時間ごとに）確認して声をかけることが必要です。

　「予定通り進んでいるか」「困ったことはないか」や次の作業手順の確認などに加えて、保護具の着用や換気装置の使用方法について声をかけて確認してください。「指導する」とか「監視する」と思わなくても、確認して「声をかける」と考えると声もかけやすいでしょう。長時間続く作業であれば、ちょっとした休憩をするように誘うようなこともあってもいいかもしれません。声をかけるだけでなく、作業がしやすいように邪魔になっている物をどける（整理する）、次の作業手順を考えた準備をするなどといった作業を円滑に進めるためのちょっとした振る舞いが作業主任者の信頼を増し、安全な作業につながることにもなります。

　もし、同僚が不安全な行動をしている（たとえば保護具を着けずに作業をしている）ことに気付いたらどうしたらいいでしょうか。どのように声をかけるかは、当該の同僚との人間関係によって変わるのが現実だと思います。「○○さーん、ちょっと！」と声をかけ

た後にどのように話すかを自分で考えてみてください。危険が差し迫っているときは別ですが、まず慰労の言葉「○○さん、ご苦労さん！」「○○さん、順調かい？」から始めると声をかけやすいでしょう。

　なぜ不安全な行動をしているのかに思いを巡らすことも大切です。意識的に不安全な行動をしているのでしょうか。仕事に集中していて不安全な行動をしていることに気付いていない、忘れていた、安全な作業をすることが辛い（防毒マスクは息苦しくなる、熱中症になりそう）、面倒くさい、…いろいろなケースがあります。このようなことも考えながら話す言葉を選びます。

怒りを前面に出す（ケシカランという）言い方は、反発を招き、「腹が立つ」「ほっといてくれ！」「見られている間だけちゃんとしよう」と思われてしまうこともあります。「うるさいなぁー」と言って無視されるようなこともあるかもしれませんし、その後の作業の集中力がなくなったり、仕事が投げやりになることもあるかもしれません。「同僚に対する「怒り」はなんの価値も生まない」と筆者は思っています。

　このようにいろいろなケースがあるかもしれませんが、同僚の安全のためですから、言うべきことは言う、直すべきことは直すということです。作業主任者の責任として義務的に言うということではなく、相手（同僚）のことを思った納得感のある言葉で、同僚が「あなたの言うとおりだ」「安全な作業をしよう」と思うようにしたいものです。たとえ厳しい言葉であっても、同僚の安全のことを考えて発する言葉は、必ず「思い」とともに伝わるはずです。

　なお、作業中に同僚に声をかけるだけでなく、作業をしている場所、換気装置の稼働状態などが安全に作業を進められる状態になっているかを、作業主任者として確認することも忘れないでください。

4. 作業終了後に一言

　安全に作業を終えた同僚には「お疲れさま」と一言声をかけましょう。あわせて、作業をしていて困ったことや不具合がなかったかを確認してください。次の作業の安全につなげることが大切です。上司や関係部門に伝え改善しなければならないことがあるかもしれません。今日の教訓を明日の安全に活かしたいものです。

　また、残った有機溶剤や空容器の処理、保護具を始めとした用具類や換気装置の整備も分担して確実に実施するようにしてください。

5. 定期的に確認する

　有機溶剤の取り扱いを安全に行うために、定期的に行うべきことのスケジュールをまとめておきましょう。主な例を挙げますので、作業主任者として、どのようなことをどのようなタイミングで実施したり、確認するといいかを整理してみてください。

	4月	5月	6月	11月	12月
毎日	○○○				
月1回	×××				
6ヶ月ごと			△△		△△
1年ごと		○×○			

<参考>定期に確認する事項の例

・毎日（作業を始めるときに）
　① 同僚の健康状態の確認
　② 通常の作業と違う作業や新たな原材料・用具などの使用有無の確認
　③ 作業手順・分担の確認（作業標準書（作業手順書、作業マニュアル）の確認など）
　④ 保護具の点検、換気装置の正常な稼働状況の確認

・月に1回
　① 換気装置（局所排気装置、プッシュプル型換気装置、全体換気装置）の作業主任者としての点検
　② 特別有機溶剤取り扱い作業記録
　③ 職場安全衛生会議（事業場安全衛生委員会）への報告

・6ヶ月に1回
　① 有機溶剤健康診断の受診の確認
　② 定期作業環境測定結果の確認

・1年に1回
　① 局所排気装置、プッシュプル型換気装置の定期自主検査の確認
　② リスクアセスメントの確認（リスクアセスメントは、取り扱う有機溶剤を変更するときや作業方法などを変更するときに行う必要がありますが、特に変更がないときでも1年に1回くらいはリスクアセスメントの結果と実態に乖離がない（かけ離れていない）か確認しておきたいものです）

6. リスクアセスメントに加わる

　リスクアセスメントは、事業場で定める方法に従って実施することになります。作業主任者がリスクアセスメントの実施メンバーに必ず加わらなければならないということではありませんが、望ましいということになります。作業の実態を知る立場で検討に加わることになりますので、ありのままの状態がリスクアセスメントに反映されるようにしましょう。形式的なリスクアセスメントでは、リスクアセスメントの意味がありません。

　リスクアセスメントの実施に加わるときに特に気を付けなければならないことがいくつかあります。一つは「自分たちは決められた通り作業をするから問題は起きない」と思いがちなことです。このような気持ちで安全に作業を進めることは大切ですが、実際の作業中には、いろいろな状況の変化があったり、思わぬトラブルがあったりして予定通りに作業が進まないことも多いものです。このような作業の実態を思い起こしてリスクアセスメントに反映してください。

　もう一つは、見直しに関してです。リスクアセスメントは、基本的には事前予測です。実際に有機溶剤を取り扱う作業を始めてみると、トラブルとまでいかなくても想定外の状況もあるかもしれません。実際の作業を開始してからでなければ、作業環境中の有機溶剤の濃度を確認することができないため、作業環境測定の結果を踏まえてリスクアセスメントの見直しが必要なこともあります。一度実施したリスクアセスメントの結果が絶対ではなく、実際の作業の実態を踏まえて必要な見直しを行うことが大切です。

7. 有機溶剤だけでなく

　有機溶剤作業主任者の法定の職務は、有機溶剤に関することだけですが、有機溶剤を取り扱うときに、関連して気を付けなければいけないことがあります。

　他の有害物質も一緒に取り扱っていませんか。取り扱う物質は、有機溶剤が溶剤として使われていて、他の有害な化学物質も一緒に含まれているといったことはないでしょうか。確認してください。含まれている場合は、その有害な化学物質についての管理も必要です。使用する保護具なども適切なものを選択することになります。

　吹き付け塗装のように有機溶剤と一緒に粉じんが発生していることはありませんか。同時に発生しなくても、一連の作業の手順の中で、粉じんが発生することがあります。このような場合に保護具はどうしているでしょうか。防じん機能を持った防毒マスク（防じん機能付き吸収缶）を使用すると、有機溶剤にも粉じんにも効果的です。保護具に限りませんが、一連の作業が安全にできるようにする対応が必要になります。

　有機溶剤を取り扱うときや有機溶剤の蒸気がある場所での仕事はきつく（作業の負荷が大きく）ないですか。呼吸量が多くなるような仕事（重筋作業）では、防毒マスクなどの着用は負担になることがあります。暑熱の環境でも同じです。電動ファン付防毒マスクや送気マスクを選択した方が、作業の効率も上がり、安全に仕事ができることがあります。作業場で冷風機を使うなどの対策も効果的なことがあります。このような対応が必要ないか確認してください。

　この他、騒音が大きい、不自然な作業姿勢になるなど、有機溶剤以外に身体に負担になることがないかにも関心を持って、より安全

な作業に結び付けてください。作業中にケガをしないようにすることが必要なことは言うまでもありません。

8. 法規制の特例はあるが

　有機溶剤作業の管理は、法令（有機則など）に基づいて実施することが基本ですが、有機則では有機溶剤の使用量（消費量）や作業方法によって適用の除外など特例措置が決められています。適用については、詳細な条件（制約）がありますので、作業主任者がその適用について判断するのではなく、事業場としての判断が必要です。所轄労働基準監督署長に申請書して認定されることが前提のこともあります。

　もし、有機溶剤等の使用量が少ないなど、中毒のおそれがなく、法令の規定の適用除外などに相当すると考える場合は、衛生管理者に相談して間違いのない対応をすることが必要です。安易な対応は、絶対にしてはいけません。

　作業主任者の選任について法令上は適用の除外になったとしても、有機溶剤を取り扱う限り、安全な取り扱いをしなければなりません。身近でこのような作業があれば、有機溶剤の安全な取り扱いについて知識を持っている立場で安全な作業をリードしたいものです。

VI

みんなの力で

繰り返し記載してきましたが、職場の安全衛生管理は作業主任者が一人で実施するものではありません。職場のみんなが、作業主任者と一緒に前向きに安全な作業に取り組めるようにすることが欠かせません。さらに事業場内の関係者の力も得て、作業主任者として職務を行いたいものです。

1. 職場で勉強会をしてみよう

　職場で有機溶剤の安全な取り扱いについて勉強会をしましょう。職場安全衛生会議や安全衛生管理に関する定期勉強会を開催する中で、有機溶剤に関しての勉強もするというやり方もあります。
　有機溶剤作業主任者技能講習修了者や「有機溶剤業務従事者に対する労働衛生教育」受講修了者の同僚が職場にいる場合は、分担したり、協力して実施すると職場の一体感をより深めることになるでしょう。

(1)　勉強会のテーマ
　勉強会の内容はいろいろと考えられます。ただし、あまりに細かすぎる内容や実際の職場の仕事とまったく関係のないことは、同僚も関心を示さないのではないでしょうか。職場での作業に結び付けて質問（「Ⅶ−3. クイズネタ」参照）をする時間を織り込むなどして、同僚の関心を引き出して、実際の作業の安全に結び付けたいものです。資格取得の教育ではありませんので、職場の実態や同僚の知識・経験に合わせた内容と時間にするといいでしょう。テーマを決めて意見交換をするといった方法もあります。

(2) 職場勉強会の方法の例

・作業主任者が講師になって安全な有機溶剤の取り扱いについて説明する

・テキストの内容を分担を決めて勉強して、メンバーが順番に講師として説明する

・実際に行っている有機溶剤取り扱い作業の課題がないか意見交換する。テーマを決めた方が意見が出やすくなるかもしれません。

・作業主任者が小テスト（「Ⅶ－3. クイズネタ」、「Ⅶ－5. ネタ探し（情報源）」参照）を作って実施し、あとで解説する。小テストは、事業場で同じものを利用する方法もあります。この場合は、衛生管理者に相談するといいでしょう。

(3) 新人への教育

　勉強会ではありませんが、新人（新入社員など）に対する教育も大切です。有機溶剤の安全な取り扱いについての教育も必要ですが、キチンとして仕事ができるように指導することも欠かせません。キチンとした作業が安全の基本です。新人の指導は、作業主任者の仕事だとは限りませんが、上司や同僚とともに取り組んでください。

2. 講師にチャレンジ

　安全に仕事をするためには、「どのようにすれば安全を確保できるか」を知っていることが欠かせません。有機溶剤の場合は、有機溶剤の有害性や危険性を知り、有機溶剤中毒になったり、火災や爆発が起きないように適切な取り扱いや作業方法を確認して、実際の作業に活かすことになります。作業主任者としての知識と「安全に作業をして欲しい」という思いを職場の教育で活かすために、講師をしてはどうでしょうか。

(1)　心がけたいこと

　教育の講師をするときに、大切にしたいことがいくつかあります。一般的には、講師が教える（伝える）べきことをしっかり勉強して、整理して話をし、受講者がしっかりと講師の話を聞いて頭に入れるということになり、欠かせないことです。でも、むずかし過ぎることや、実際の仕事に関係のないことを並べてみても、なかなか頭に入らず、役に立たないということもあるでしょう。職場の仕事と関連づけて、絶対に実施しなければならないことを確認するというところから始めましょう。職場の同僚がもっと知りたいと思うようであれば、内容を深めていけばいいと思います。

　講師をするに当たっての予習は自分自身の知識を深めることにもなります。もし予習の段階でよくわからないことがあれば、自分で調べたり、衛生管理者に聞いたり、産業医に教えてもらってください。

(2) 質問があったら…

　教育中に質問があって即答できないことがあったり、説明の中で行き詰まるようなことがあっても、戸惑ったり、恥かしく思う必要はまったくありません。「よくわからないから調べて（確認して）後で答えるので待って欲しい」と言えばいいのです。ひょっとしたら職場の同僚の中に答えを知っている人がいるかもしれませんので、「誰かわかる人はいませんか」と助けを求めることもできます。作業主任者といっても何でも知っているわけではないのですから、そんなに気負わずに、教育の場に臨みましょう。ただし、「後で答える」と言ったことに関しては、必ず調べて答えるようにしましょう。このようにすると、職場の講師として、また作業主任者として信頼を得ることにつながります。熱血講師にチャレンジしてみましょう。職場での教育をするときに大切なことは、「みんなと安全にいい仕事をしたいという思い」だと思います。

(3) 行政通達に基づく有機溶剤業務従事者教育

　厚生労働省の行政通達に「有機溶剤業務従事者に対する労働衛生教育実施要領」（昭和59年基発第337号）があります。有機溶剤中毒予防対策の一環として、有機溶剤を取り扱う作業に従事する人に対して行う教育の実施要領です。

　なお、行政通達に基づく教育は、作業主任者の判断で行うのではなく、事業場として実施することになります。もし、行政通達に基づく教育がまだ実施できていないようでしたら、上司や衛生管理者と相談してみてください。事業場内の適任者（講師にふさわしい知識を持っている人）が講師をして実施することもできますし、外部機関で実施する教育を受講することも可能です。経験や知識のある作業主任者が講師をすることがあってもいいと思います。ただし、

事業場内で行うときは、中災防の教育センター（東京、大阪）など
で行われている講師（インストラクター）養成研修を受講してから
講師をすることが望ましいということになります。

<参考>有機溶剤業務従事者に対する労働衛生教育カリキュラム（行政通達）

科目	範囲	時間
有機溶剤による疾病及び健康管理	有機溶剤の種類及びその性状 有機溶剤の使用される業務 有機溶剤による健康障害、その予防方法及び応急措置	1時間
作業環境管理	有機溶剤蒸気の発散防止対策の種類及びその概要 有機溶剤蒸気の発散防止対策に係る設備及び換気のための設備の保守、点検の方法 作業環境の状態の把握 有機溶剤に係る事項の掲示、有機溶剤の区分の表示 有機溶剤の貯蔵及び空容器の処理	2時間
保護具の使用方法	保護具の種類、性能、使用方法及び保守管理	1時間
関係法令	労働安全衛生法、労働安全衛生法施行令、労働安全衛生規則及び有機溶剤中毒予防規則（これに基づく告示を含む。）中の関係条項	0.5時間

3. ヒヤリ・ハットを活かす

　事業場にヒヤリ・ハット報告制度がありますか。職場の同僚には、有機溶剤の取り扱いに関わるヒヤリ・ハット報告も積極的に出してもらいましょう。職場の同僚の気付きを活かして、より良い職場にしていく方法の一つとしてヒヤリ・ハット報告はとても有効です。

　もし、有機溶剤の取り扱いに関するヒヤリ・ハット報告があれば、報告してくれた人とともに現地に出向いたり、現物を確認したりして、どのようなことがあったのか自分の目で確認するとともに、報告した人から状況について話を聞きましょう。事実の確認だけでなく、報告した人の思いや意見を聞くことが大切です。

　作業に関連したヒヤリ・ハット報告は、本人のミスや不注意が原因で「気を付ければ、起きなかった」と片付けられてしまうことがあります。本当にそうなのでしょうか。「ミスや不注意の原因は何か」を考えて対応することによってミスや不注意を無くす（減らす）ことができるかもしれません。

　ヒヤリ・ハットが設備の不具合などに原因があって、職場で（作業主任者の力だけで）解決できない場合は、上司や関係部門に報告して、対策に結びつけてください。このようなアクションが、作業主任者の信頼を高め、職場内のコミュニケーションを深めることにつながります。

　作業主任者自身がヒヤリ・ハットを積極的に報告することも重要です。ささいな失敗も含めて報告するといいでしょう。誰でも失敗することがあります。同じような失敗を減らすためには、注意力を高めるための気付きの機会を持つことも必要です。自分の失敗をみんなの前で話したり報告したりすることは、はずかしかったり、つ

らく感じることもあるかもしれませんが、同僚のためです。作業主任者が見本を示すつもりで、小さな問題でも職場で共有して、より安全な作業に結び付けてください。

4. 作業主任者同士で知恵を出し合おう

　一人で考えていても知恵が浮かばなかったり、自信が持てなかったりすることがあります。職場内や事業場内に、あなたと同じ有機溶剤作業主任者がいれば、情報交換の場を持ちたいものです。上司や事業場の衛生管理者に相談してみましょう。

　あなた自身が困ったことを感じていなくても、他の作業主任者が悩んでいることがあるかもしれません。そんなときに、相談に乗ってあげたいものです。その場で答えがでなくても、話をする中で解決の糸口が見つかることも少なくありません。

　情報交換の場は、できれば定期的に持ちたいものです。たとえば、年に1～2回でもいいでしょう。全国労働衛生週間（毎年10月1日～7日）の事業場行事にしてもらうことも考えられます。

　情報交換のときに特別のテーマが無く、懇談に終わることがあるかもしれませんが、身近に同じ立場の人がいることを確認できるだけでも心強いものです。法改正などがあれば、改正内容などについてお互いに勉強したりすることがあってもいいでしょう。社外の有機溶剤中毒事例を持ち寄って、自社で活かすべき教訓を導き出す場にしたり、職場勉強会用のネタ（資料、クイズなど）を一緒に作る場にすることもできるでしょう。衛生管理者や産業医を講師にして作業主任者勉強会をするということも考えられます。

5. 改善にチャレンジ

　有機溶剤の取り扱い作業をより安全にするために改善したいと思うことはありますか。有機溶剤を取り扱う作業の改善は、有機溶剤を吸い込んだり、触れたりすることを無くしたり、減らしたりすることになります。引火性の有機溶剤の場合は、火災や爆発のリスクを減らすことも課題になります。

　改善する必要があるかどうかを考える機会はいろいろとあります。SDSを見て、リスクアセスメントの結果を受けて、作業環境測定結果を見て、有機溶剤の使用量の推移（たとえば、明確な理由もないのに使用量が増えている）を見て、などが考えられます。実際には、このようにデータを見てではなく、作業をしたり、職場を見て、あなた自身が「もう少しよくしたい」「何とかしたい」と感じることが、一番的を射た課題を見い出すことになるかもしれません。ヒヤリ・ハット報告を聞いてということも考えられます。

　改善には簡単にできることから、いろいろな確認や調整が必要なことまであります。取引先などの確認が必要な場合は、事業場内の関係者に調整を依頼することになります。

　各章でも取り上げましたが、主な改善の視点を挙げておきます。

① 　有機溶剤を使わなくてもいいようにする

　たとえば、塗料や接着剤、洗浄液を有機溶剤を含まないもの（水溶性のものなど）に替えることや、有害性の低いものに替えることが考えられます。代替品のテストをするなど慎重な対応が必要なことやメーカーの協力を仰ぐことが必要なこともあります。粘り強く取り組みたいものです。

　有機溶剤を使っていた作業を止めることができる場合もありま

す。たとえば、塗装していたものを鍍金されたものを使うようにしたり、接着していたものをはめ込みやクリップ止めにしたりといったことが簡単な例になります。

② 有機溶剤の使用量を減らす

有機溶剤がこぼれたり、周りに飛び散ったりしないようにするだけで、使用量が減ります。減った分だけ、作業環境中の有機溶剤の濃度が低くなります。有機溶剤の入った容器の蓋をする、移し替えの方法を変えるなどの方法で有機溶剤の発散を抑えることもできます。比較的簡単なことですが、改善効果があります。

少量しか有機溶剤を使用しない場合は、缶入りで購入していたものをスプレー缶やチューブ入りに代えることでも発散量を減らせる場合があります。吹き付けていたものを刷毛塗りやローラー塗りに替える、エアスプレーを使用していたのをエアレススプレーに代えるなどの作業方法に変えることによっても有機溶剤の使用量を減らすことができます。

③ 作業位置・作業方法を変える

有機溶剤を使っていても吸い込んだり触れたりしなければ、有機溶剤中毒になることはありません。作業の位置や作業の姿勢を変えることで有機溶剤の蒸気を吸い込む量が変わります。換気装置による気流（空気）の流れとの関係を考えることも必要です。有機溶剤に触れないようにするためには、治具を使うとか、保護手袋などを使うことになります。

④ 換気装置の排気効率を高める

有機溶剤を使うときには換気装置を使うことになります。換気装置の効果を発揮させるためには、空気の流れを有効に使うことが大切です。もっとも有機溶剤蒸気の濃度の高い場所の空気を排出できるように工夫してください。逆に言えば、有機溶剤の蒸気を含まな

いきれいな空気ばかりを排気していては換気装置の効果はありません
んし、無駄なエネルギーを使っている（省エネに反する）ことにな
ります。

⑤ 職場の換気をよくする

　職場全体の換気をよくする（新鮮な空気を作業場に入れる）こと
も大切です。通風をよくする（たとえば窓や扉を開ける）ことも効
果的です。職場の温熱環境をよくすることも考えたいと思います。
ただし、扇風機などで風を送ることで、換気装置（局所排気装置や
プッシュプル型換気装置）の効果が失われてしまうことがあります
ので注意が必要です。また、仕事の内容によっては、品質に悪い影
響を与えてしまうこともありますので、総合的に考えてください。

⑥ 安全に効率的に仕事ができるようにする

　有機溶剤を取り扱う作業を効率的に実施できるようにするという
改善もテーマになります。安全で効率的に質の高い仕事ができるよ
うにして、有機溶剤の使用量、有機溶剤の蒸気にばく露する時間や
機会を減らすことにつなげてください。

　ほかにもいろいろとあると思います。職場の実態を見たり、思い
浮かべて工夫してみてください。一人で改善するというより、職場
の同僚と知恵を出し合うと、よりよい改善ができるでしょう。この
ような改善がコスト面の改善につながることもあります。なお、改
善をしたつもりでも、かえって他に不具合（たとえば品質への悪影
響）や不安全な状態が生じることがあります。改善を実行に移す前
に、上司や関係者と相談することが必要です。

VII

役に立ててください

作業主任者として、有機溶剤中毒防止に関連する情報（ネタ）は
たくさん持っていた方がいいと思います。参考になりそうなことを
取り上げてみます。

1. 社外の専門家に聞く

　有機溶剤の取り扱いに関する労働衛生上の対応について、事業場
内の担当部門でよくわからないときに、無償で相談できる公的な機
関があります。必要であれば、上司や衛生管理者に相談して活用を
考えてみましょう。

　都道府県ごとに産業保健総合支援センターがあり、専門スタッフ
が電話、電子メール、センターの窓口（予約）などで相談に応じ、
解決方法を助言してくれます。各地域には地域産業保健センターが
設けられ、同じく相談に応じたり、相談の窓口になっています。連
絡先はインターネットで確認することができます。これらのセン
ターは独立行政法人労働者健康安全機構が運営しています。

　法令の適用などに関することを労働基準監督署に相談することも
可能です。

2. チェックリストの例

　有機溶剤を取り扱う職場の管理状態を確認するためにチェックリストを使う方法があります。チェックリストですべての確認はできませんが、要点を抑えた管理ができます。担当する職場（作業）についてチェックリストを作ってみてください。

＜参考＞有機溶剤取り扱い職場の自主チェックリストの例

項目	チェック内容
ミーティング	作業開始前と作業終了時にミーティングで安全確認を行っていますか？
換気	作業場の換気が十分されていますか？
設備	局所排気装置等の作業環境対策設備が設置されていますか？
	局所排気装置等の作業環境対策設備を作業中、稼動させていますか？
	局所排気装置等の作業環境対策設備は点検を実施していますか？
	局所排気装置等の作業環境対策設備は効果を充分に発揮していますか？
作業主任者	有機溶剤作業主任者は選任されていますか？
	作業主任者の氏名・職務は掲示されていますか？
	作業主任者による作業方法の決定と指揮が行われていますか？
掲示	有機則で決められた注意事項などの掲示はされていますか？
	有機溶剤の区分に応じた表示（赤・黄・青）がされていますか？
測定	半年に１回、作業環境測定士による作業環境測定が実施されていますか？
取扱い	作業場に、その日に使用する量以上の有機溶剤を持ち込んでいませんか？
代替促進	有機溶剤について、有害性が低い物への代替化が検討されていますか？
容器の保管	有機溶剤の容器はふたを閉め、決められた場所に保管されていますか？
容器の処理	使用後の空容器はふたを閉め屋外の一定の場所へ集積していますか？
保護具	有機溶剤が飛散する場所、取扱う場所で保護具を着用することが決められていますか？
	適切な保護具を着用して作業していますか？
	防毒マスクの吸収缶の交換は適切に行われていますか？
SDS等	SDSが備えられていますか？
	新たに購入する有機溶剤のSDSは事前に入手していますか？
	容器に表示されている注意事項を確認して実施していますか？
教育	SDS等を活用した安全衛生教育を実施していますか？
	作業従事者は有機溶剤業務従事者労働衛生教育を受けていますか？
健康診断	特殊健康診断を受診していますか？
	特殊健康診断の結果で異常のある人はいませんか？
爆発・火災	危険物としての管理ができていますか？

3. クイズネタ

　職場の勉強会や教育のときに使うことを想定して、クイズネタを例として作ってみました。参考にしてください。クイズを通して、有機溶剤の適切な取り扱いについて再確認することもできます。クイズを使うことで、職場全員が参加意識を持つ勉強会や教育を行うことになり、参加者の関心も高まりますし、職場の一体感も深まります。自分でもクイズを作ってみてください。作業主任者としての知識を深めることにもなると思います。

＜職場で使えるクイズネタの例＞

①　有機溶剤に関する掲示板の色（赤、黄、青）の意味は？

②　掲示板に記載してある「人体に及ぼす作用」はどんなことが書いてありますか？

③　掲示板に記載してある「取扱い上の注意事項」はどんなことが書いてありますか？　守っていますか？

④　掲示板に記載してある「中毒が発生したときの応急処置」はどんなことが書いてありますか？　実際に中毒が発生したら、わたしたちの職場ではどうしますか？

⑤　職場にある有機溶剤はどんなものがありますか？
　チューブ入り、スプレー缶、ペール缶などの缶入り、固形、燃料

⑥　今使っている防毒マスク吸収缶の有効期限はいつですか？　吸収缶はいつ交換するといいでしょうか？

⑦　GHS絵表示の意味を知っていますか？（下表の絵を示して質問する）

（答）

絵表示				
概要	可燃性・引火性ガス　可燃性・引火性エアゾール　引火性液体、可燃性固体　自己反応性化学品　自然発火性液体、自然発火性固体、自己発熱性化学品、水反応可燃性化学品、有機過酸化物	急性毒性（区分4）、皮膚腐食性・刺激性（区分2）、眼に対する重篤な損傷・眼刺激性（区分2A）、皮膚感作性、特定標的臓器・全身毒性（単回ばく露）（区分3）	急性毒性（区分1-3）	呼吸器感作性、生殖細胞変異原性、発がん性、生殖毒性、特定標的臓器・全身毒性（単回ばく露）（区分1-2）、特定標的臓器・全身毒性（反復ばく露）、吸引性呼吸器有害性

（注）GHS絵表示を定める「化学品の分類および表示に関する世界調和システム」（The Globally Harmonized System of Classification and Labelling of Chemicals：GHS）は、2003年7月に国連勧告として採択されたものです。GHSは化学品の危険有害性を世界的に統一された一定の基準に従って分類し、絵表示等を用いてわかりやすく表示して、ラベルやSDS（Safety Data Sheet：安全データシート）に反映させ、災害防止及び人の健康や環境の保護に役立てようとするものです。

⑧　有機溶剤は臭いがしますか？　臭いがしてから防毒マスクの吸収缶を交換すればいいでしょうか？

（答）嗅覚閾値といって、臭いを感じることができる濃度は、有機溶剤（に限りませんが）の種類によって全く異なります。有害性の高いものが臭いが強いということはありません。また、最初に臭いを感じてもすぐに鼻が馴れてしまいます（嗅覚疲労などとい

いますし、嗅覚は人によって差があります。嗅覚によって異常を感じたときにすぐに退避したりすることは大切ですが、嗅覚だけで、安全管理をすることは危険ということになります。

　なお、防毒マスクの吸収缶の交換時期については、一部の有機溶剤について交換の判断基準の一つにすることができるとされています。以下の通達を参考にしてください。

＜参考＞「防毒マスクの選択、使用等について」
（厚生労働省通達、平成17年2月7日）より抜粋

　防毒マスクの使用中に臭気等を感知した場合を使用限度時間の到来として吸収缶の交換時期とする方法は、有害物質の臭気等を感知できる濃度がばく露限界濃度より著しく小さい物質に限り行っても差し支えないこと。以下に例を掲げる。

・アセトン（果実臭）　　　　　・クレゾール（クレゾール臭）
・酢酸イソブチル（エステル臭）　・酢酸イソプロピル（果実臭）
・酢酸エチル（マニュキュア臭）　・酢酸ブチル（バナナ臭）
・酢酸プロピル（エステル臭）　・スチレン（甘い刺激臭）
・1-ブタノール（アルコール臭）　・2-ブタノール（アルコール臭）
・メチルイソブチルケトン（甘い刺激臭）
・メチルエチルケトン（甘い刺激臭）

　防毒マスクの使用中に有害物質の臭気等を感知した場合は、直ちに着用状態の確認を行わせ、必要に応じて吸収缶を交換させること。

---

⑨　有機溶剤の濃度は何ppm？

　縦横高さがそれぞれ3mの部屋で10gのトルエンがこぼれて全部蒸発した場合、部屋の中のトルエンの濃度は何ppmくらいになるでしょうか。

（答）天井まで均一に拡散したとして約90ppmになります。トルエ

ンの管理濃度（作業環境評価基準）・許容濃度（日本作業衛生学会2017）は20ppmです。実際にはトルエンの蒸気は空気より3倍くらい重いため、下の方に溜まりやすく、下の方が高濃度になります。

　キシレンでは、均一に拡散すると約80ppm（管理濃度・許容濃度50ppm）になり、トルエンと同じく下方が高濃度になります。メタノールでは、約260ppm（管理濃度・許容濃度200ppm）ですが、メタノールの蒸気の密度は空気に近いために部屋の上の方まで拡散しやすくなります。

※書き込んでみましょう

⑩

⑪

4. さらに知識を増やす

　作業主任者の資格を取った後にも、技術の進展や法令の改正、新たな事故・災害などがあります。このようなことに関する知識や情報を得て、作業主任者としての職務をより的確に行えるようにしたいものです。

　厚生労働省は労働安全衛生法に基づいて「能力向上教育指針（平成元年公示）」を策定し、有機溶剤作業主任者能力向上教育の内容を示しています。受講したいと思う場合は、上司や衛生管理者に相談してみてください。能力向上教育は、事業者（事業場）が実施するほか、安全衛生団体等に委託して実施できることになっています。作業主任者技能講習を受講した機関（都道府県労働基準（協会）連合会など）で開催されている場合があります。

　能力向上教育を受講しない場合でも、最新の知識や情報を得るように自分で努力することも必要です。

＜参考＞有機溶剤作業主任者能力向上教育（定期又は随時）カリキュラム

「能力向上教育指針（厚生労働省公示）」抜粋

科目	範囲		時間
作業環境管理	(1)	作業環境管理の進め方	2.0
	(2)	作業環境測定、評価及びその結果に基づく措置	
	(3)	局所排気装置等の設置及びその維持管理	
作業管理	(1)	作業管理の進め方	2.0
	(2)	労働衛生保護具	
健康管理	(1)	有機溶剤中毒の症状	1.0
	(2)	健康診断及び事後措置	
事例研究及び関係法令	(1)	作業標準書等の作成	2.0
	(2)	災害事例とその防止対策	
	(3)	有機溶剤業務に係る労働衛生関係法令	
計			7.0

5. ネタ探し（情報源）

　職場で勉強会をするときやクイズネタなどの情報を得る手段はいろいろとあります。もっとも基本になるのが、作業主任者テキストなど（次頁参照）になります。

　また、厚生労働省の「職場のあんぜんサイト」でも豊富な情報を確認できます。パソコンやスマートフォンで検索してみてください。有機溶剤（化学物質）について、詳しい専門的な情報も確認できます。SDS情報などの理解のためにも活用できます。

　作業主任者として特に役に立つと思われる「職場のあんぜんサイト」は「災害事例」です。キーワードに「有機溶剤」と入力して検索してみてください。たくさんの災害事例が確認できます。さらに絞り込むこともできます。たとえば、「さらに絞り込む（発生要因）」の「管理」の欄で「保護具、服装の欠陥」を選択すると保護具に関連した事例に絞り込むことができます。「発生状況」「原因」「対策」の説明があり、多くの事例に発生状況のイラストも付けられています。職場で活用する場合は、説明が細か過ぎるかもしれません。その場合は、作業主任者が職場で活用できるように簡潔に要点をまとめるといいでしょう。「職場のあんぜんサイト」には、ヒヤリ・ハット事例も掲載されています。「ヒヤリ・ハット事例」の頁を開き「有害物との接触」のアイコンを選択するとイラスト付きの事例を確認することができます。

　このほか、厚生労働省HP（「政策について」⇒「分野別の政策一覧」⇒「雇用・労働／労働基準」⇒「施策情報／安全・衛生」）や中災防／安全衛生情報センターHPなども参考になります。

<「職場のあんぜんサイト」でネタ探し>

| 職場のあんぜんサイト | 検索 |　…こんなことを調べることができます

- ・安衛法名称公表化学物質等
- ・GHSモデルラベル・SDS情報
- ・GHSとは
- ・強い変異原性が認められた化学物質
- ・がん原性に係る指針対象物質
- ・リスク評価実施物質
- ・化学物質による災害事例
- ・有害性・GHS関係用語解説

<作業主任者必携のテキスト> (中央労働災害防止協会発行)

書名	内容
有機溶剤作業主任者テキスト	有機溶剤による健康障害および予防措置、作業環境の改善方法、保護具、関係法令などの知識を網羅。
有機溶剤作業主任者の実務 (能力向上教育用テキスト)	有機溶剤業務に関する労働衛生管理についてわかりやすく解説。参考資料も充実。
有機溶剤中毒予防の知識と実践 (作業者用教育テキスト)	有機溶剤中毒にかからないために、作業者が気をつけなければならない事項を、イラストを交え、わかりやすく解説。

<ネタをワンランクアップできる出版物> (中央労働災害防止協会発行)

書名	内容
労働衛生のしおり	全国労働衛生週間実施要綱、最新の労働衛生対策の展開、統計データ、関係法令、主要行政通達など職場で役立つ資料を豊富に掲載。毎年8月頃発行
皮膚からの吸収・ばく露を防ぐ (田中茂著)	化学物質の皮膚からの吸収によるばく露のメカニズムや、化学防護手袋の正しい選び方、使い方、新たなトレンドを保護具研究の第一人者である著者がやさしく解説。
胆管がん問題!それから会社は…	化学物質による胆管がん発生の経緯と原因、その後の発生企業の対策やこの問題に関わった人々の活動をまとめた。化学物質による業務上疾病防止の一助となる一冊。

おわりに

　この本は、「同僚を信頼し、頼りにして安全な作業をしたい」という考え方を基本にして書いてきました。あなたと思いは一緒だったでしょうか。

　有機則などの法令に従うことは、最低限のことですが、法令で規制のある有機溶剤は、化学物質としての「有機溶剤」の中の一部です。今後得られる知見・事例がさらに増えて、科学技術が進歩する中で、新たに有害性が判明する化学物質もあるでしょう。有機溶剤に限らず職場での化学物質取り扱いは、慎重に行うことが大切です。法令で規定された作業主任者の職務に加え、このようなことも頭に入れて職場の安全のリーダーとして活躍してもらいたいと思います。

　この本も参考にして、あなたが作業主任者としての職務をまっとうし、「自分が作業主任者になってよかった」と思えるようになってもらえたら幸いです。あなたを含めた職場のみなさんが安全にいい作業ができることを願っています。

福成 雄三（ふくなり ゆうぞう）

（公財）大原記念労働科学研究所特別研究員

労働安全コンサルタント（化学）

労働衛生コンサルタント（労働衛生工学）

日本人間工学会認定人間工学専門家

1976年住友金属工業㈱（現：新日鐵住金㈱）に入社。以後、安全衛生関係業務に従事。日鉄住金マネジメント㈱社長を経て、2016年6月まで中央労働災害防止協会教育推進部審議役。

今日から安全衛生担当シリーズ

有機溶剤作業主任者の仕事

平成31年3月27日　第1版第1刷発行

著　者	福成　雄三
発行者	三田村憲明
発行所	中央労働災害防止協会
	〒108-0023
	東京都港区芝浦3丁目17番12号　吾妻ビル9階
	電　話（販売）03-3452-6401
	（編集）03-3452-6209
カバーデザイン	ア・ロゥデザイン
イラスト	ア・ロゥデザイン
印刷・製本	株式会社丸井工文社

乱丁・落丁本はお取り替えいたします。　　©Yuzo Fukunari 2019

ISBN978-4-8059-1863-0　C3060

中災防ホームページ　https://www.jisha.or.jp